南北风味小吃

懿 编著

U0198001

团结出版社

图书在版编目（CIP）数据

南北风味小吃 / 文懿编著 . -- 北京：团结出版社，
2014.10（2021.1 重印）
ISBN 978-7-5126-2315-6

Ⅰ.①南… Ⅱ.①文… Ⅲ.①风味小吃—中国 Ⅳ.
① TS972.116

中国版本图书馆 CIP 数据核字 (2013) 第 302498 号

出　　版：团结出版社
　　　　　（北京市东城区东皇城根南街 84 号　　邮编：100006）
电　　话：（010）65228880　65244790（出版社）
　　　　　（010）65238766　85113874 65133603（发行部）
　　　　　（010）65133603（邮购）
网　　址：http://www.tjpress.com
E-mail：65244790@163.com（出版社）
　　　　　fx65133603@163.com（发行部邮购）
经　　销：全国新华书店
排　　版：腾飞文化
图片提供：邴吉和　黄　勇
印　　刷：三河市天润建兴印务有限公司

开　　本：700×1000 毫米　1 /16
印　　张：11
印　　数：5000
字　　数：90 千字
版　　次：2014 年 10 月第 1 版
印　　次：2021 年 1 月第 4 次印刷

书　　号：978-7-5126-2315-6
定　　价：45.00 元

早在宋代，吴氏的《中馈录》里就出现了"甜食"一词。后来元代无名氏的《居家必用事类全集》又出现"从食"一词，该书还收录了12种干面食、14种湿面食、12种从食、5种煎制乳酪食品以及3种粉制食品的做法。可见，吃点心、品小吃的习惯由来已久。

若干年后，特色风味小吃已经成为美食文化中不可或缺的部分，各地的特色风味小吃也纷纷走出一隅，成为全国人民甚至海外朋友喜爱的美食，如四川的麻辣烫、甘肃的牛肉拉面、北京的炸酱面等。

小吃的发展意味着人类文化生活的精致化程度。随着经济的发展，人民生活水平的提高，吃在日常生活中所占的比例越

 南北风味小吃

来越大，人们不仅开始注重正餐饮食的精致与养生，同时对小吃的希求也越来越高。

　　本书通过大量搜集各地民间资料，共收录了南北八大地区的地方特色风味小吃，并配以营养分析、色香味点评等现代品食元素，不同的地域饮食文化，不同的小吃做法，帮助读者更方便地根据个人喜好选择食物。

前言

东 北风味

目录

西 北风味

Contents

华 北风味

目录

华 东风味

目

录

Contents

华 中风味

目录

华 南风味

Contents

西 南风味

港 澳台风味

★ ★ ★ ★ ★

东北风味

★ ★ ★ ★ ★

吃在东北

东北菜包括黑龙江、吉林、辽宁三省的菜肴，它是我国历史悠久、富有特色的地方风味菜肴。北魏贾思勰在其所著的《齐民要术》中曾提到北方少数民族对菜肴的烹调方法，如"胡烩肉""胡饭法""胡羹法"等，足以证明其烹调技术已达到较高水平。其中辽宁沈阳曾是清朝故都，宫廷菜、王府菜众多，而东北小吃受其影响，在用料和制作方法方面更为考究，同时兼蓄京、鲁、川、苏等地的烹饪精华，形成了独具风味的地方菜。东北菜擅长于扒、烤、烹、爆，讲究勺功；口味偏咸辣，重油腻，重色调；用料多为本地特产。

　　东北菜是在满族菜肴的基础上，吸收京菜、鲁菜的长处发展而来的，给人以粗犷而缺乏精致的印象，因此在高档宾馆酒楼里很少见，这也成全了东北菜"百姓菜""市民菜"的形象。如果一家人自己掏钱吃饭，东北菜绝对是好吃又实惠的选择。

　　东北菜的主要特点是炖、酱、烤，色重、味浓、形糙，这种粗线条的风格也像不拘泥于细节的东北人，令人食指大动。酱猪蹄、酱鸡爪配上醇厚的高粱烧酒，几分豪情由胃中升腾而起，充满了塞外风情。

特色小吃

1. 得莫利炖活鱼

历史渊源

　　该小吃因产地得莫利而得名，得莫利位于哈尔滨郊外，最早是村民为了招待过路的客人而想出了这道小吃。

做法

　　得莫利炖活鱼的做法非常简单，将宽粉、豆腐和刚刚捞上来的鲤鱼放在锅里加入调料后慢炖几十分钟就可以了。

寓意

　　该菜本意是为了让过路的客人吃得暖和而高兴，给人以亲切感，后来该菜做法从哈尔滨流传开来，家家户户都会做这道菜。在寒冷的东北地区，吃着肉香味浓的得莫利炖活鱼，非常温馨。

2. 肉皮冻

历史渊源

肉皮冻是满族人的一大发明。它是民间大众喜欢自制的一种食品，分为"清冻"和"混冻"两种，是下酒的佳肴。

特点

肉皮冻是由猪肉皮、花椒粒、味精和盐制作而成，有物美价廉、制作简单、美味可口的特点。因美容养颜效果极好，深受女性的追捧。

3. 猪肉炖粉条

地位

炖菜是东北人最喜欢的一种吃法，像小鸡炖蘑菇、大鹅炖土豆等都是东北名吃，其中，猪肉炖粉条更是享誉全国。

特点

从菜名便可以看出菜的做法，由于天气寒冷，东北很多小吃都有增加热量的作用。香喷喷的猪肉，再加上润滑的粉条、清新的东北高棵大白菜，在寒冷的东北，这简直就是极品美味，不仅抵御了寒冷的侵袭，还满足了味蕾的需求。

视觉享受：★★★★ 味觉享受：★★★★ 操作难度：★★

拔丝地瓜

TIME 30分钟

菜品特点
色泽金黄
甜香适口

- **主料：** 地瓜300克，白糖100克，鸡蛋3个
- **配料：** 植物油、香油、淀粉各适量

操作步骤

①地瓜洗净，去皮，切成大小均匀的滚刀块盛在盆里；将鸡蛋打破，蛋清磕入装地瓜的盆内，放入淀粉搅拌均匀。

②锅中注油，烧热，加入地瓜块，炸至色泽金黄色时捞出控油。

③将油全部倒出，不要刷锅，倒入白糖，小火，要不停地用铲子轻轻搅动，使白糖至熔化。

④将白糖慢慢熬至浅棕红色，泡沫由大变小时，迅速下入炸好的地瓜块，快速翻炒，使地瓜均匀地裹上糖汁，装在抹上香油的盘子即可。

操作要领

为了好清洗，盘子上最好抹点香油。

营养贴士

红薯含有独特的生物类黄酮成分，能促使排便通畅，可有效抑制乳腺癌和结肠癌的发生。

- **主料：** 五花肉450克，面粉500克，骨头汤200克
- **配料：** 水发海米40克，水发木耳10克，青菜500克，红方、酱油、精盐、味精、葱、姜、豆油各适量

操作步骤

①面粉加入清水和成面团，揉匀静醒；葱、姜、青菜切末。

②五花绞成馅，放入盆内加骨头汤和酱油，拌搅至起劲时，加入化开的红方、精盐、味精、葱末、姜末调拌均匀，最后加菜末、水发木耳、水发海米拌匀成馅。

③面团取小块搓条、下剂、擀皮，逐个放左手上，右手持馅板抹馅，四指略拢，右手三指抓紧边皮，形成中间紧合两头见馅的长条形。

④平锅放火上，淋入一层豆油，摆入锅贴生坯，加适量清水，加盖煎至皮面变白，开锅盖，淋入豆油，随即铲动锅贴，使油布满锅底，再浇一次水，加盖焖4～5分钟，至熟透铲出，底部朝上摆在盘中间即成。

操作要领

第二次加水为第一次水量的1/3，火不宜太旺。

营养贴士

猪肉具有补虚强身、滋阴润燥、丰肌泽肤的作用。

视觉享受：★★★★ 味觉享受：★★★★ 操作难度：★★

辽宁锅贴

TIME 40分钟

菜品特点

粗粮枣泥包

TIME 40分钟

菜品特点
柔软甜润
枣香浓郁

▶ **主料：** 面粉适量

▶ **配料：** 红枣、燕麦片、白糖、酵母粉各适量

操作步骤

①红枣洗净煮熟，去核、皮，加白糖、面粉做成枣泥馅。

②面粉内加酵母粉、温水、燕麦片和成面团发酵，醒20分钟待用，将面团搓成长条，切成小剂子，再将小剂子压成面片，包入枣泥馅料，捏拢，制成枣泥包坯。

③将包好的枣泥包坯放入沸水蒸锅内，大火蒸10分钟即可。

操作要领

觉得做枣泥馅麻烦的话，买现成的枣泥馅也行。

营养贴士

红枣能促进白细胞的生成，降低血清胆固醇，保护肝脏。

视觉享受：★★★★ 味觉享受：★★★★ 操作难度：★★

花生肉皮冻

TIME 150 分钟

菜品特点
鸡肴可口
口味独特

- **主料**：猪皮、花生各适量
- **配料**：花椒、八角、桂皮、葱、姜、干辣椒、胡椒粉、盐各适量

操作步骤

①猪皮洗净，冷水入锅，大火煮至能用筷子轻易穿透猪皮时捞出，趁热刮去肥油，切成细条。
②花生用清水浸泡2个小时以上，剥掉红衣；花椒、八角、桂皮、干辣椒装入调料包。
③把猪皮条、花生、料包、葱、姜一起放入锅中，加入2倍的清水，大火煮至水分消耗一半时，改中火继续煮至汤汁十分黏稠时，挑出葱、姜、调料包，加入盐、胡椒粉调味后关火。
④装入容器，凉透后放入冰箱冷藏定形，吃时切块即可。

操作要领

吃的时候，蘸上用醋、生抽、蒜茸、辣椒油、香油调的调味汁更美味。

营养贴士

猪皮对人的皮肤、筋腱、骨骼、毛发都有重要的生理保健作用。

- **主料**：鸡脯肉 200 克
- **配料**：鸡蛋 4 个，味精 2 克，料酒 30 克，干淀粉 30 克，盐少许，猪油 1000 克，芝麻少许

操作步骤

①将鸡脯肉洗净，切成长条，放在碗内，加盐、味精、料酒拌匀，腌渍入味。
②将蛋清倒入碗内，用筷子顺一个方向连续搅拌起泡沫，直到能立住筷子为止，再加干淀粉，顺同一方向搅拌均匀，制成蛋泡糊。
③炒锅上火，放入猪油，烧至五成热，将腌渍好的鸡脯肉分条裹上蛋泡糊后沾上芝麻，放入锅中，用筷子翻动，大约5分钟炸熟捞出装盘即成。

操作要领

用筷子在锅里翻动时，动作要轻，不然就没有形了。

营养贴士

鸡肉蛋白质中富含全部必需氨基酸，其含量与蛋、乳中的氨基酸谱式极为相似，是优质的蛋白质来源。

视觉享受：★★★★ 味觉享受：★★★ 操作难度：★★

软炸鸡柳

TIME 30 分钟

菜品特点
香嫩酥脆
美味可口

东北乱炖

 TIME 45分钟

菜品特点
营养丰富
味道鲜美

视觉享受：★★★★
味觉享受：★★★★
操作难度：★★

主料： 五花肉500克，茄子、西红柿各2个，豆腐1块，熟鹌鹑蛋2个

配料： 粉条、大头菜、辣椒、芸豆、葱、姜、酱油、盐、鸡精、鲜汤、大料、花椒、桂皮、大酱、葱、食用油各适量

操作步骤

①将茄子切成小段，芸豆切成段，西红柿切成小块，辣椒去籽去筋切块，豆腐切成菱形，粉条用开水浸泡，鹌鹑蛋剥壳备用。

②锅内倒油烧至五成热后，将豆腐放入锅内煎至两面金黄；再加一点油，将茄子放入，炸软后捞出控油；最后炸芸豆，芸豆发软后捞出控油。

③在锅内留少许底油，放入葱、姜炝锅，待爆出香

味后下酱油、盐、鸡精、鲜汤，下红烧肉烧开，加茄子、芸豆、大头菜、粉条炖15分钟，再加西红柿、辣椒、鹌鹑蛋炖5分钟，出锅时淋香油即可。

操作要领

材料可以根据自己的喜好放，各种蔬菜、肉都可以。

营养贴士

猪肉性能微寒、有解热功能，补肾气虚弱。

视觉享受：★★★★ 味觉享受：★★★★ 操作难度：★★

奶香玉米饼

TIME 10分钟

菜品特点
奶香浓郁
美味爽口

主料： 玉米面150克，小麦面粉50克

配料： 温牛奶250克，酵母粉5克，白糖25克，植物油适量

操作步骤

①将玉米面和小麦面粉放入盆中拌匀，放入用温牛奶泡开的酵母粉搅匀，放入白糖拌匀，静置发酵至面糊表面有气泡产生。

②将平底锅烧热，放薄薄一层油，将发酵好的面糊用小勺子舀一勺倒入锅中，用勺子背向四周推成圆饼，饼与饼之间留有空隙，用中火或中小火将两面都用少许油煎成金黄色即可。

操作要领

可根据自己的口味在制作面糊时酌情添加鸡蛋。

营养贴士

玉米有预防心脏病和癌症的功效。

主料： 五花肉100克，猪血旺150克，猪大肠50克，酸菜100克，干粉条若干

配料： 猪油、姜片、葱节、精盐、胡椒粉、料酒、酱油、鸡精、味精、猪骨头汤各适量

操作步骤

①五花肉切成片，猪大肠切成块，猪血旺切片，酸菜洗净切成细丝，干粉条用开水泡发好。

②炒锅置火上，放入猪油烧热，投入姜片、葱节炸香，下入酸菜丝炒出味，掺入猪骨头汤，下入五花肉、猪血旺、粉条，烧沸后撇净浮沫，调入精盐、胡椒粉、料酒、酱油、鸡精等，用小火炖约7分钟后，用漏勺将锅中炖好的菜捞出，装入汤碗内。

③将猪大肠下入锅中，烫至肠片卷曲后，用漏勺捞出放在汤碗内炖好的菜上面，另往汤碗内浇点汤汁即可。

操作要领

也可根据自己的爱好加入猪心、猪肺。

营养贴士

猪肉味甘、苦，性温，有解毒清肠、补血美容的功效。

视觉享受：★★★ 味觉享受：★★★★ 操作难度：★★

杀猪菜

TIME 20分钟

菜品特点
口味丰富

手撕饼

视觉享受：★★★★★
味觉享受：★★★★★
操作难度：★

TIME 20分钟

菜品特点
口感酥软
美味可口

- **主料：** 面粉适量
- **配料：** 色拉油、辣椒粉、酵母各适量

操作步骤

①面粉加温水、酵母和匀成面团，把面盖起来避免表皮发干，醒10分钟左右，取出放在面板上，分割成大小合适的剂子。

②将分好的剂子擀开，在上面抹色拉油和辣椒粉。然后像折扇子一样，把面皮折起来，再从一端卷起来。将面皮卷好之后，尾端塞入底部，少沾面粉，将面皮按扁，擀成手撕饼面坯备用。

③煎锅放火上，锅热倒入少许色拉油，放入面坯烙制，一面变成金黄色后，翻面烙另一面。可以用锅铲不停地转动饼并轻轻敲打，使饼随着敲打层次更加分明。

④待两面金黄时，饼便可以出锅了。

操作要领

经过锅铲敲打的饼，层次分明，轻轻一抖能松散开，所以这步不能省略。

营养贴士

此饼制作简单，口感酥软，适合当早餐。

视觉享受：★★★★ 味觉享受：★★★★ 操作难度：★★

煎哈尔滨红肠

TIME 15分钟

菜品特点
色香俱全
味道极佳

主料： 哈尔滨红肠 2 根
配料： 鸡精适量

操作步骤
①哈尔滨红肠放入锅中直接干煎，煎完一面再煎另一面。
②煎至红肠呈透明状，加入鸡精出锅，待稍凉后切片摆盘即可。

操作要领
红肠本身就很肥，不需要放油，并且用这种方式煎，可有烤香味。

营养贴士
红肠的主要营养成分是淀粉以及猪肉中的蛋白质和脂肪，其中蛋白质为优质蛋白质，具有较高营养，淀粉属于碳水化合物，能够为人体提供能量。

主料： 黄米、红小豆各适量
配料： 白糖、生菜叶各适量

操作步骤
①黄米磨成细粉，过滤后备用；红小豆洗净，入锅煮至熟软，捞出控净水。
②黄米面与水按 1:1 的比例调成稠浆糊，加适量白糖后倒在铺有湿布的蒸笼上，摊成约 3 厘米厚，放入蒸锅用旺火蒸至金黄色将熟时，开锅；撒上一层红小豆，约 3 厘米厚，摊平；紧接着再倒上一些黄米面稠糊，约 6 厘米厚，摊平，上笼再蒸，然后再撒上一层红小豆，蒸至熟透。
③盘底摆生菜叶，切糕切片摆生菜叶上即可。

操作要领
黄米面糊的稀稠度要掌握好，不宜太稀，否则糕层薄。

营养贴士
黄米味甘、性微寒，一般人群均可食用，具有益阴、利肺、利大肠的功效。

视觉享受：★★★★ 味觉享受：★★★★ 操作难度：★★★

黄米切糕

TIME 60分钟

菜品特点
黄红相间
口感柔软

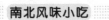

炸芝麻里脊

视觉享受：★★★★★
味觉享受：★★★★
操作难度：★

TIME 20分钟

菜品特点
外焦里嫩
鲜咸酥香

主料：猪里脊肉500克

配料：芝麻、鸡蛋、大葱、姜、料酒、盐、味精、香油、淀粉、植物油各适量

操作步骤

①将葱、姜洗净均切成末；淀粉加适量水调匀成水淀粉，待用；将里脊剔去筋，洗净，切成大柳叶片，放碗内，加葱末、姜末、料酒、盐、味精、香油腌渍一下，再加入鸡蛋和水淀粉，搅拌均匀。

②将芝麻放入大盘内，把里脊逐片蘸两面芝麻，用手按实。

③锅倒油烧热，逐片将里脊下入油内炸透捞出，待油温升至八成热时，再将肉投入油内炸至呈金黄色时捞出沥油，切条后装盘即成。

操作要领

植物油要多备一些。

营养贴士

猪肉可以滋养脏腑、滑润肌肤、补中益气。

视觉享受：★★★★　味觉享受：★★★★★　操作难度：★★

蟹肉皮冻煎饺

TIME 45分钟

菜品特点
□味咸鲜

主料： 面粉300克，蟹肉50克、皮冻70克、猪肉100克

配料： 姜末、葱末、熟芝麻各少许，盐、鸡精、料酒、生抽、植物油各适量

操作步骤

①水、面粉加少许盐，放在盆里揉匀，盖上湿布醒面。

②猪肉搅成肉酱，加蟹肉、葱末、姜末、熟芝麻、盐、鸡精、料酒、生抽，顺一个方向拌匀，上劲后加入捏碎的皮冻，顺一个方向搅拌上劲。

③取出面团搓成长条，揪成等大的剂子，擀成中间厚四周薄的面皮，包入适量馅料，做成饺子坯。

④锅烧热加入少许油，放入包好的饺子，加入小半碗水，中火把水烧干，小火煎熟即可。

操作要领

可以根据个人的需要来调制馅料的味道。

营养贴士

猪皮适宜阴虚、心烦、咽痛、下利者食用。

主料： 豆浆100克，面粉200克

配料： 鱼胶粉、糖桂花、糖针、糖粉、白糖、干淀粉各适量，酵母粉、泡打粉各少许

操作步骤

①豆浆熬开后，放入白糖、糖桂花、鱼胶粉，熬稠后倒入饭盒，放入冰箱里冷藏；面粉加水、酵母粉、泡打粉，轻轻调匀做好脆浆。

②取出豆浆切成小块，蘸干淀粉，拖脆浆。

③油锅烧热，放入豆浆块炸至色泽金黄，捞出撒些糖粉和糖针即可。

操作要领

炸豆浆只需五成热的油温。

营养贴士

冬饮豆浆有祛寒暖胃、滋养进补的功效。

视觉享受：★★★★　味觉享受：★★★★　操作难度：★★

炸豆浆

TIME 30分钟

菜品特点
大豆浓香
清甜爽口

牛肉馄饨

TIME 120分钟

视觉享受：★★★★
味觉享受：★★★★★
操作难度：★★

菜品特点
汤鲜肉香
皮薄馅嫩

主料： 馄饨皮若干，牛肉馅600克，牛肉100克，鸡蛋2个

配料： 麻油25克，葱15克，姜3克，精盐8克，料酒6克，香菜少许，鸡汤适量

操作步骤

①牛肉切成丁，葱、姜切末，香菜切碎；鸡蛋打到碗里搅匀，在平底锅内摊成鸡蛋饼，晾凉后切丝。

②将牛肉馅放入盆内，加入葱末、姜末、料酒、精盐、麻油和少许水，用筷子朝一个方向搅成糊状，做成馅料。

③将馅料放入馄饨皮中，捏紧制成馄饨生坯；锅中加鸡汤，放入牛肉丁煮开后放入馄饨，煮熟后放入鸡蛋皮，撒上香菜即可。

操作要领

馄饨皮直接在超市就可购买。

营养贴士

牛肉具有补脾胃、益气血、强筋骨、消水肿等功效。

视觉享受：★★★★　味觉享受：★★★　操作难度：★★

糖油炸薯片

TIME 20分钟

菜品特点
香甜适口
外脆内糯

主料： 红薯600克，冰糖50克

配料： 黑芝麻15克，橘饼30克，花生油75克

操作步骤

①将红薯洗净，去皮，切成薄片。

②将锅内倒入花生油，用旺火烧至六成热时放入红薯片，炸至呈金黄色，捞出沥油，装入盘中；黑芝麻用小火炒香，橘饼剁成细末。

③锅内倒入花生油，烧热后加入冰糖和适量水，用小火熬煮成糖浆，盛起淋在炸薯片上，撒上黑芝麻和橘饼细末，即可食用。

操作要领

配料中的花生油作炸薯片用，宜准备比实际用量多一些。

营养贴士

红薯中含有抗癌物质，能够防治结肠癌和乳腺癌。

主料： 小麦面粉200克，韭菜50克

配料： 鸡蛋1个，食盐、鸡精各3克，十三香5克，植物油适量

操作步骤

①用磨碎机将韭菜磨碎，打入鸡蛋，加入食盐、十三香和鸡精，倒入面粉搅拌成馅；用手抓一把丸子馅，从虎口处挤出丸子。

②锅倒油烧热至九成热，放入挤出的丸子，炸至丸子金黄，出锅沥油即可。

操作要领

蔬菜易熟，炸的时间不宜太久，稍微泛黄，即可捞出。

营养贴士

韭菜有补肾益阳、温肝健胃的功效。

视觉享受：★★★★　味觉享受：★★★★　操作难度：★★

炸韭菜丸子

TIME 15分钟

菜品特点
色泽鲜艳
操作简单

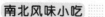

锅包肉

TIME 30分钟

视觉享受：★★★★
味觉享受：★★★★
操作难度：★★★

菜品特点
色泽金黄
口味酸甜

➡ **主料：**猪里脊肉500克，水淀粉300克
➡ **配料：**鸡蛋3个，葱、姜、香菜、胡萝卜、蒜茸、白糖、白醋、盐、生抽各适量

🥢 操作步骤

①葱、姜、香菜、胡萝卜洗净切丝，白糖、白醋、生抽、盐调成味汁，猪里脊肉切大片。

②水淀粉加少许蛋清调成面糊，将肉片放在里面均匀地裹上一层面糊（不要太厚）。

③锅倒油烧至五六成热时，一片片下入裹好面糊的肉片，中火炸熟，捞出；锅中留油将火调至大火，放入炸过的肉片，大火炸至焦脆、上色捞出。

④锅中留少许底油，放入葱丝、姜丝、香菜、胡萝

卜丝、蒜茸翻炒至熟，再放入炸好的肉片翻炒均匀，淋入味汁，大火快速翻炒出锅即可。

🍳 操作要领

里脊肉片的厚度约2~3毫米，不能太薄，太薄就炸干了。

☛ 营养贴士

猪肉是日常生活的主要副食品，具有补虚强身、滋阴润燥、丰肌泽肤的作用。

★★★★★

西北风味

★★★★★

吃在西北

　　西北菜总是带着一股浓厚的乡土情结，正如那性格粗犷的西北汉子。这儿的风味直率而不复杂，经常可见的便是牛羊肉，佐以山珍野味；滋味也明确，或酸，或甜，或辣，绝不拖泥带水，含混不清。西北菜喜用香料，尤其是在煮汤烹肉之时，简直到了无香不成菜的地步。

　　从古都长安到地中海东岸的罗马帝国，"古丝绸之路"不仅给大西北带来了政治、经济、文化、贸易的繁荣，也发展了当地的膳食饮馔。秦陇风味单纯而又包罗万象，它主料鲜明、主味突出，然而又由多种菜组成，如衙门菜、商贾菜、民间菜、市肆菜以及少数民族菜组成的清真菜。其中市肆菜品种繁多并占据地理优势，接触面较广，不仅保持了传统的特色，还不断创新发展，一直位于秦陇风味首位。

从饮食习惯方面看，西北人夏天喜欢冷食，冬天注重进补，宴席时间长，待客情谊重，还会伴有歌舞助兴，绝不怠慢了客人。从菜的风味方面看，西北地区主要以羊、鸡肉为主要肉食，其间会掺有山珍野菌，很少吃淡水鱼和海鲜，果蔬也很少。菜的做法主要是烤、烧、烩、煮，喜酸，重咸，喜欢口感酥烂香浓的食物。

西北地区名吃很多，部分带着历史的气息，十分古老。陕西有葫芦鸡、金钱发菜、牛羊肉泡馍、甑糕、油泼面、臊子面；甘肃有兰州拉面、百合鸡丝、手抓羊肉；青海有牛肉炒面片、白汤杂碎；内蒙古有奶酪、扒牛肉……此外，这儿的当归酒、白葡萄酒、枸杞酒、西凤酒和哈密瓜汁也都享誉一方。

特色小吃

1. 肉夹馍

历史

肉夹馍在古汉语中是"肉夹于馍"的简称，属于中国西北特色小吃之一，其中陕西地区的"腊汁肉夹馍"和宁夏地区的"羊肉肉夹馍"是突出代表。腊汁肉夹馍是陕西出名的西府小吃和西安的地方特色小吃。而宁夏的肉夹馍夹杂的是羊肉馅，肉夹馍的摊子都会摆放烤馍的炉子，和西北其他地方的馍都一样。

历史渊源

根据史料记载，在战国时期腊汁肉叫"寒肉"，当时位于秦晋豫之间的韩国已经掌握了制作腊汁肉的方法，韩国被秦国灭后，其制作工艺流入长安。现在，文昌门内的馆子命名为秦豫肉夹馍的，都意味着自己家的是正宗腊汁肉。

腊汁肉的做法

选择上等的猪硬肋肉，加葱、姜、草果、蔻仁、丁香、枇杷、桂皮、盐等 20 多种调味料煮汤而成。汤是历代流传下来的陈汤，很少掺杂水分，腊汁肉之所以如此出名，和这种流传 80 余年的腊汁汤息息相关。地道的腊汁肉酥香醇厚、色泽红润、肥而不腻，瘦肉饱蘸油水，配以酥香的白吉馍，回味无穷。

2. 凉皮

简介

使用含淀粉的制品，如高精面粉、薯类、豆类等，经过浸泡、磨浆、过滤、熟化、冷却等加工过程都归为凉皮的范畴。凉皮是陕西特色小吃之一，又叫陕西大刀凉皮。凉皮主要分为米面皮和面皮两种，米面皮实际上就是米皮，现在已分为汉中米皮、秦镇米皮等多个流派。

历史渊源

相传在秦朝的时候，沣河两岸地肥水美，以生产桃花稻出名，桃花稻成为秦始皇专用的贡品。有一年因为大旱，沣河断流，百姓只好打井抗旱，然而还是没有一点收获，稻米粒小、不饱满，不仅交不上贡品，连百姓吃饭都成了问题。正在大家一筹莫展的时候，秦镇有个厉害的人叫李十二，他将米碾成糊糊吃，却发现把面浆蒸熟以后也能吃，便将其切成细条、放辣椒油和醋，随之发明了大米面皮。之后他又将面皮进贡给秦始皇，始皇帝吃了之后非常高兴，免除了秦镇的赋税，而秦镇米皮就这样传承下来。为了纪念面皮的发明人李十二，秦镇便有了每年正月二十三，在李十二忌日这一天家家蒸面皮的风俗。

3. 油泼面

历史起源

油泼面，汉族传统风味面食，陕西很有特色的一种主食，又叫拉面、拽面、抻面、桢条面、香棍面等。据说已有 3000 多年的历史。油泼面是在周代"礼面"的基础上发展演变而来的；秦汉时代称之为"汤饼"，属于"煮饼"类中的一种；隋唐时代叫"长命面"，意为下入锅内久煮不断；宋元时代又改称为"水滑面"。

制作方法

油泼面是一种很普通的面食制作方法，将手工制作的面条在开水中煮熟后捞在碗里，将葱花碎、花椒粉、盐等配料和厚厚一层的辣椒面一起平铺在面上，用烧的滚烫的菜油浇在调料上，顿时热油沸腾，将花椒面、辣椒面烫熟而满碗红光，随后调入适量酱油、香醋即可。也可另外加入腊汁肉、西红柿鸡蛋等搭配食用。

美味肉串

TIME 30分钟

菜品特点
口味丰富
荤素搭配

● 主料：羊肉500克
● 配料：洋葱、彩椒各1个，白芝麻（熟）、辣椒面、蜂蜜、料酒、盐、植物油各适量

 操作步骤

①将羊肉洗净后切成块，放入碗中，倒入适量料酒和盐后用手抓匀，放入冷藏室腌15分钟；彩椒、洋葱洗净后切成和羊肉差不多大小的片。

②取一只竹签，按一块羊肉，一片彩椒，一片洋葱的顺序穿成一串，接着将剩余的羊肉块和彩椒片、洋葱片依次穿好。

③挖一大勺蜂蜜，拌匀后用毛刷均匀地刷在穿好的羊肉串上。

④在烤盘中铺上一层锡纸，将羊肉串放入烤盘后入提前预热好的烤箱中层，调到220度烤制7分钟，

取出刷一层植物油翻个面，继续烤制8分钟后取出撒上辣椒面，最后撒上白芝麻即可。

 操作要领

把羊肉切成2公分左右大小的块状，这样腌的时候更易入味，烤制过程中受热均匀，也易烤熟。

 营养贴士

羊肉对一般风寒咳嗽、慢性气管炎、虚寒哮喘、肾亏阳痿、腹部冷痛、体虚怕冷、腰膝酸软、面黄肌瘦、气血两亏、病后或产后身体虚亏等一切虚状均有治疗和补益效果。

视觉享受：★★★★ 味觉享受：★★★★ 操作难度：★★★

米切糕

TIME 5小时

菜品特点
糕质柔软
汤味微辣

主料： 大米500克

配料： 葱花50克，味精2克，白胡椒粉、辣椒粉各3克，精盐5克，稻草1000克

操作步骤

①将稻草烧成灰，取灰泡水，澄清后，将清水滗入盆中，即成灰碱水。

②大米用灰碱水浸泡4小时，淘洗干净，沥干水分，加清水磨成粉浆，盛入铝制平底方盆，入笼蒸约30分钟取出，切成薄片。

③锅内加清水烧沸，倒入切好的糕片，加入精盐、味精、白胡椒粉、辣椒粉，稍煮后连汤舀入碗中，撒上葱花即成。

操作要领

米切糕片经灰碱水浸泡后，味鲜苦香，风味独特。

营养贴士

大米可提供丰富的维生素、谷维素、蛋白质、花青素等营养成分，具有补中益气、健脾养胃、益精强志、和五脏、通血脉、聪耳明目、止烦、止渴、止泻的功效。

主料： 莴笋250克，小麦面粉100克

配料： 盐4克，香油2克，蒜泥10克

操作步骤

①把莴笋叶择洗干净，控净水，切成小段；加适量盐、小麦面粉调拌均匀。

②上屉蒸15分钟后打开锅盖；翻拌一下，再蒸10分钟即好。

③吃的时候拌入蒜泥、香油即可。

操作要领

莴笋叶的水分一定要控净，不然和面粉拌匀后，会很黏糊。

营养贴士

小麦面粉主治补虚，长时间食用，可使人肌肉结实、增强气力。

视觉享受：★★★ 味觉享受：★★★★ 操作难度：★

笋叶面疙瘩

TIME 30分钟

菜品特点
清香爽口
别有风味

 紫衣薯饼

TIME 30分钟

视觉享受：★★★★
味觉享受：★★★★
操作难度：★★

 菜品特点
色泽鲜艳
口味独特

● 主料：海苔、土豆各适量
● 配料：熟白芝麻、盐、植物油、素蚝油各适量

操作步骤

①将土豆煮熟后，去皮，捣成土豆泥，加盐搅拌均匀；将整张海苔剪成同等大小的方块。
②将土豆泥用匙铺在海苔上，再在上面铺一张海苔，制成薯饼。
③平底锅倒植物油烧热，放入薯饼，两面煎至金黄色。
④另起锅放少许油，倒入适量的素蚝油搅匀，然后

勾芡至浓稠，淋在煎好的薯饼上，最后撒上熟白芝麻即可。

操作要领

不喜欢吃芝麻的，也可以不放，它只是一个点缀作用。

营养贴士

土豆能健脾和胃、益气调中、缓急止痛、通利大便。

视觉享受：★★★★★ 味觉享受：★★★★ 操作难度：★

白蘑田园汤

TIME 25分钟

菜品特点
软滑清香
营养全面

主料： 小白蘑200克，玉米1根，胡萝卜、土豆各50克，西蓝花30克

配料： 葱花少许，精盐、酱油、鸡精、料酒、植物油各适量，鸡汤500克

操作步骤

①小白蘑去根，洗净，沥去水分；玉米切成小截；土豆、胡萝卜分别去皮洗净，切成片；西蓝花手掰小朵。

②锅置火上，加入植物油烧热，先下入葱花炒出香味，再加入鸡汤、料酒烧沸，然后放入小白蘑、玉米笋、土豆片、胡萝卜片、西蓝花烧沸。

③转小火煮至熟烂，最后加入精盐、酱油、鸡精调味即可。

操作要领

玉米要选用嫩玉米。

营养贴士

白蘑主治小儿麻疹欲出不出，烦躁不安。

主料： 小南瓜1个，香菇、草菇、鸡腿菇各适量

配料： 青、红椒各1个，姜末、盐、蘑菇精、胡椒粉、植物油各适量

操作步骤

①南瓜有把的一头切开，另一头略略切平，放置于盘中，挖掉中间的籽和瓤，放入锅中用小火蒸至可用筷子扎透，取出摆在盘中备用；将各类菇洗净，一切为二；青、红椒切丁。

②起锅热油，爆香姜末，放入所有的菇爆炒，加入青、红椒翻炒，放入盐、蘑菇精和少许胡椒粉调味，再加一点点水炒出汁，倒入小南瓜盅中即可。

操作要领

菌菇的种类可以自己搭配，蒸的时间不用太长。

营养贴士

多食南瓜可有效防治高血压、糖尿病及肝脏病变，提高人体免疫能力。

视觉享受：★★★★★ 味觉享受：★★★★ 操作难度：★★★

南瓜杂菌盅

TIME 40分钟

菜品特点
南瓜面甜
鲜香无比

核桃炖牛脑

视觉享受：★★★★★
味觉享受：★★★★
操作难度：★★★★

TIME 3小时

菜品特点
汤鲜味美
滋补营养

主料： 核桃肉、牛脑、牛腱各适量

配料： 姜片、枸杞子、精盐、料酒各适量

操作步骤

①牛脑浸在清水中、撕去薄膜、除去红筋，和牛腱一起放入滚水中煮5分钟，取出冲洗净，牛腱切件。

②核桃肉放入锅中翻炒片刻，再落滚水中煮3分钟，取出洗净。

③把牛脑、牛腱、核桃肉、姜片、枸杞子、料酒放入炖盅内，加入适量滚水，炖约3小时，食时用盐调味即可。

操作要领

牛脑一定要从正规渠道购买新鲜产品。

营养贴士

牛脑富含蛋白质、磷、铜、脂肪，适宜有消瘦、营养不良、免疫力低、记忆力下降、贫血等症状的人群食用。

视觉享受：★★★★　味觉享受：★★★★　操作难度：★★

炒猫耳朵

TIME 60分钟

菜品特点
鲜香透人
软嫩可口

主料： 小麦面粉260克

配料： 干香菇10朵，洋葱2个，青椒1个，红椒1个，醋、蒜、生抽、白糖、盐、花生油各适量

操作步骤

①将面粉、水、盐混合均匀，和成光滑的面团，醒30分钟，擀成面皮，再切成小方块，用大拇指按住用力往前推，即成中空卷起的小耳朵状，放入沸水中煮熟，捞出。

②香菇泡发后切丁，大蒜切片，香菜洗净切末，胡萝卜、青椒、红椒洗净切丁。

③炒锅内放适量的花生油，然后放入白糖炒出糖色，下蒜瓣、香菇、洋葱，加盐3克，翻炒至香菇和洋葱熟透、入味。

④下煮好的猫耳朵、青椒、红椒，加入一大锅生抽翻炒至青椒、红椒入味，出锅前调入一点点醋，拌匀即可食用。

操作要领

做猫耳朵的面要和得相对硬一点，并且和面时加一点盐可以提高面团的韧性，让做出的猫耳朵吃起来口感更爽滑、劲道。

营养贴士

小麦面粉和水调服，可以治疗中暑、马病肺热。

主料： 面条适量

配料： 油菜、干辣椒、小葱、辣椒酱、老抽、生抽、味精、盐、色拉油各适量

操作步骤

①油菜洗净切段，焯熟；干辣椒切末；小葱切葱花备用；面条煮熟。

②辣椒酱、盐、味精、生抽、老抽、干辣椒末、葱花拌好，倒入面条里。

③把色拉油烧热至冒烟，往面里一泼，最后放上油菜，撒点葱花，吃的时候拌匀即可。

操作要领

盛面的碗要尽量选择大的，方便拌面。

营养贴士

油泼面是陕西的一款特色主食，简单易做，配以青菜的话更营养健康。

视觉享受：★★★★★　味觉享受：★★★★★　操作难度：★

油泼面

TIME 10分钟

菜品特点
面条筋道
香辣浓郁

黄豆豆浆

TIME 40分钟

视觉享受：★★★★
味觉享受：★★★★
操作难度：★

菜品特点
香甜可口
营养丰富

- **主料**：黄豆适量
- **配料**：白糖适量

操作步骤

①先将黄豆漂洗，去除杂物，然后浸泡一段时间，捞出待用。

②将经过浸泡的黄豆放入豆浆机中，加水到上下水位线之间。

③接通电源，按"五谷豆浆"键，直到机器提示豆浆做好。

④滤掉豆浆的渣滓，倒入杯子中加入适量白糖即可饮用。

操作要领

黄豆一定要泡足时间，不然太硬了会损害豆浆机。

营养贴士

黄豆含有丰富的不饱和脂肪酸和多种维生素类物质，可以帮助脂肪代谢，减少血管壁上胆固醇沉积，对于高血压、高血脂等病具有防治效果，适合此类人群饮用。

视觉享受：★★★★ 味觉享受：★★★★ 操作难度：★

玫瑰花豆浆

TIME 25分钟

菜品特点
花香浓郁
口味独特

> **主料**：玫瑰花20克，黄豆适量
> **配料**：白糖适量

操作步骤

①先将黄豆漂洗，去除杂物，然后浸泡一段时间，捞出待用；玫瑰花放入茶壶中泡15分钟。

②将黄豆和玫瑰花茶水放入豆浆机中，加水到上下水位线之间。

③接通电源，按"五谷豆浆"键，直到机器提示豆浆做好。

④滤掉豆浆的渣滓，倒入杯子中加入适量白糖即可饮用。

操作要领

黄豆一定要泡足时间，不然太硬了会损害豆浆机。

营养贴士

玫瑰花可以缓和情绪、平衡内分泌、补血气、美颜护肤，对肝及胃有调理的作用。

> **主料**：核桃仁、燕麦、黄豆各适量
> **配料**：白糖适量

操作步骤

①先将黄豆、燕麦漂洗，去除杂物，然后浸泡一段时间，捞出待用；核桃仁去膜后洗净待用。

②将黄豆、核桃仁、燕麦一起放入豆浆机中，加水到上下水位线之间。

③接通电源，按"五谷豆浆"键，直到机器提示豆浆做好。

④滤掉豆浆的渣滓，倒入杯子中，加入白糖即可饮用。

操作要领

黄豆一定要泡足时间，不然太硬了会损害豆浆机。

营养贴士

核桃可以减少肠道对胆固醇的吸收，对动脉硬化、高血压和冠心病人有益，还能有效地改善记忆力、延缓衰老并润泽肌肤。

视觉享受：★★★★ 味觉享受：★★★★ 操作难度：★

核桃燕麦豆浆

TIME 20分钟

菜品特点
汁香味浓
营养丰富

肉夹馍

TIME 60分钟

菜品特点
粉软可口
美味多汁

- **主料**：面粉350克，带皮五花肉500克
- **配料**：植物油15克，姜片、葱段、冰糖、老抽、生抽、料酒、桂皮、八角、草果、小茴香、酵母、豆蔻、青椒、红椒、甜椒各适量

操作步骤

①青椒、红椒洗净剁碎成丁，甜椒洗净切片备用。

②面粉加水、酵母和成面团，发好后醒10分钟，醒好后分成小剂子，每个剂子揉圆，醒5分钟，然后擀成0.6厘米的圆饼；中火烧热平底锅，将饼坯放进去烙熟。

③带皮五花肉入滚水中余烫5分钟，捞起冲净切大块；炒锅入油，加碾碎的冰糖小火炒黄，转大火放五花肉翻炒至上色，放姜片、葱段、老抽、生抽炒至出油，放料酒、桂皮、八角、草果、小茴香、豆蔻炒出香味后，加水烧开转小火炖至肉烂即可。

④做好的五花肉剁成丁，与青、红椒碎混合均匀；馍平切成夹子，夹入甜椒片、肉丁即可。

操作要领

面粉揉成面团后，要先醒一段时间。

营养贴士

猪肉可提供血红素，能改善缺铁性贫血。

视觉享受：★★★★ 味觉享受：★★★ 操作难度：★★

烤馕

TIME 30分钟

菜品特点
味道鲜美
营养丰富

> **主料：** 精面粉500克，嫩酵面50克
> **配料：** 洋葱200克，羊肉350克，精盐10克，胡椒粉5克，味精7克，白芝麻少许

操作步骤

①将精面粉倒入盆内，加嫩酵面、清水揉成面团，盖上湿布静醒5～10分钟。
②醒好的面分成3份揉成圆形，盖上湿布略醒一会儿。
③洋葱洗净切丁，羊肉切丁，一起放入盆内，加精盐、清水，放入味精、胡椒粉拌匀成馅。
④醒好的面团擀成长圆形，上面抹一层馅，从一端卷成卷，再从两端折叠成圆形按扁，略醒后从中间砸成内低外稍高的窝状，再抻拉成直径约15厘米的圆饼，沾上芝麻放入烤盘内，用280度的炉温烤12～15分钟，待呈金黄色时即可出炉。

操作要领

烤制时以烤至金黄色为宜，不要烤焦煳。

营养贴士

羊肉肉质细嫩，容易被消化，同时羊肉还可以增加消化酶，保护胃壁和肠道，从而有助于食物的消化。

> **主料：** 熟牛肉50克，面粉500克
> **配料：** 葱、香菜各5克，食盐3克，白萝卜、清油、辣子油、牛肉清汤各适量，白芝麻少许

操作步骤

①熟牛肉切片，白萝卜切片，葱、香菜切碎备用。
②面粉加水揉和均匀，案上擦抹清油，将面搓拉成条下锅，面熟后捞入碗内加牛肉清汤。
③牛肉片、白萝卜片摆入碗内，撒葱末、香菜末、白芝麻，根据个人口味加辣子油和盐。

操作要领

和面时，要注意水的温度，一般要求冬天用温水，其它季节则用凉水。

营养贴士

牛肉面中添加白萝卜和香菜能够提供一定的维生素和矿物质。

视觉享受：★★★★ 味觉享受：★★★★ 操作难度：★★★

兰州拉面

TIME 20分钟

菜品特点
粗细均匀
口感筋滑

凉皮

视觉享受：★★★★★
味觉享受：★★★★
操作难度：★★★★

TIME 20 分钟

菜品特点
清新水嫩
口感筋道

➡ 主料： 面粉 250 克

↩ 配料： 胡萝卜半个，食用面筋 100 克，牛筋面 150 克，植物油 5 克，辣椒油、盐、醋各适量，香菜、蒜末、白芝麻各少许

操作步骤

①大米洗净，用清水浸泡后磨制成浓稠合适的米浆，上笼蒸成米皮。

②蒸好的凉皮稍微抹一些植物油防止粘住，切成条状。

③面筋切块，与牛筋面一起，加盐、辣椒油、醋、白芝麻、蒜末拌入凉皮，胡萝卜切丁，香菜切段，撒于其上即可。

操作要领

凉皮变透明即可马上取出，蒸太久会导致过硬。

营养贴士

凉皮温肺、健脾、和胃，春天吃能解乏，夏天吃能消暑，秋天吃能去湿，冬天吃能保暖，是四季皆宜、不可多得的绿色减肥食品。

视觉享受：★★★★　味觉享受：★★★★　操作难度：★★★

新疆拌面

TIME 60 分钟

菜品特点
入口嫩滑
香味浓郁

- **主料：** 北方白面 500 克
- **配料：** 羊肉 20 克，洋葱 10 克，青、红灯笼椒各 1 个，蒜薹 100 克，色拉油适量，料酒、孜然、盐、味精各少许

操作步骤

①白面和好后抹一些油，盖上湿布醒一会儿。

②羊肉切厚片，用盐和料酒腌着，备用；青灯笼椒、红灯笼椒、洋葱切丁；蒜薹切段，备用。

③锅里放油，烧至八成热，先放羊肉片下去滑一下捞出来，将油再烧一下，下切好的蒜薹翻炒，让油爆起来，放些料酒、青灯笼椒、红灯笼椒、洋葱、羊肉和孜然，炒几下，放盐、味精调味。

④开始拉面，将拉好的面条过水煮熟，捞到凉水盆中过一下，装盘，将炒好的菜浇到面上即可。

操作要领

和面时盐要适量，盐少了容易断，多了拉不开。

营养贴士

此菜患皮肤病、肝病、肾病的患者慎食；有皮肤瘙痒、胃病的患者少吃；脾胃虚寒者、月经期间不宜进食；阴虚火旺者、高血压患者忌食。

- **主料：** 草鱼肉适量
- **配料：** 芝麻、生抽、盐、孜然、辣椒面、胡椒粉、淀粉各适量

操作步骤

①鱼肉切小方块，加生抽、盐、孜然、辣椒面、少许油、淀粉，抓匀，腌渍入味（90 分钟左右）。

②将腌好的鱼肉穿成串儿，放在无烟的炭火盆的铁架上，烤一会儿撒上胡椒粉，快烤熟时撒上芝麻即可。

操作要领

烤的时候记得不停地翻面，避免烤焦。

营养贴士

鱼含有丰富的硒元素，经常食用有抗衰老、养颜的功效，而且对肿瘤也有一定的防治作用。

视觉享受：★★★★　味觉享受：★★★★　操作难度：★

孜然鱼串

TIME 100 分钟

菜品特点
外酥里嫩
香辣可口

手擀面

TIME 10分钟

菜品特点
汤鲜面筋
操作简单

视觉享受：★★★★
味觉享受：★★★
操作难度：★★

主料： 手擀面500克

配料： 里脊肉50克，胡萝卜50克，葱花少许，榨菜、盐、植物油各适量

操作步骤

①里脊肉、胡萝卜切丝；锅倒油烧热，放入葱花炒香，放入里脊肉、胡萝卜炒香，放入榨菜炒香，放盐调味盛出。

②锅中加水，煮开后，放入手擀面煮熟盛出，浇入炒过的菜料，撒些葱花即可。

操作要领

可以根据个人口味添加辣酱。

营养贴士

胡萝卜含有维生素A，有促进骨骼发育的功效。

34

视觉享受：★★★★ 味觉享受：★★★★ 操作难度：★★

白菜粉条盒子

TIME 30 分钟

菜品特点
口味咸鲜

→ **主料**：小麦面粉 200 克，白菜 200 克，粉条 100 克

→ **配料**：猪肉馅 50 克，淀粉、姜末、蒜末、生抽、香油、食盐、料酒、蚝油、植物油各适量

操作步骤

①面粉加开水、酵母调匀揉成光滑的面团，醒面 30 分钟；白菜切碎、粉条用开水泡发开；肉馅中加入姜末、蒜末、盐、料酒、蚝油、生抽、香油、淀粉调匀，再加入粉条、白菜搅匀。

②取出面团揉匀切成小块，擀成大圆片，包入馅料，将面皮对折，从边缘的一方揪起面皮向里对折压下去，依次到另一边缘，制成盒子。

③锅中放植物油，下盒子煎至两面金黄即可。

操作要领

要用小火煎盒子，否则不易熟透。

☞ **营养贴士**

粉条不可多食，否则可导致骨骼软化。

→ **主料**：牛奶 250 克，低筋面粉 100 克

→ **配料**：泡打粉 3 克，白糖 35 克，玉米淀粉 30 克，炼乳、色拉油各适量

操作步骤

①牛奶中加入白糖、淀粉、炼乳搅拌均匀，倒入锅中，小火加热，用铲子搅拌成黏稠的糊状，感觉奶糊具有一定硬度时即可关火，将奶糊装进容器内，放入冰箱冷冻 60 分钟。

②取出凝固的奶糕切成小块，面粉中加入泡打粉搅拌均匀，分次加水，搅拌成无疙瘩的黏稠糊状。

③油锅烧至六七成热转小火，将奶糕放入糊中均匀蘸一层，放入油中慢炸至外皮酥脆即可。

操作要领

加热奶糊时，小火慢慢搅拌，以免奶糊粘锅。

☞ **营养贴士**

牛奶中富含蛋白质，有镇定安神、美容养颜的功效。

视觉享受：★★★★ 味觉享受：★★★★ 操作难度：★★

炸鲜奶

TIME 15 分钟

菜品特点
奶味浓郁

生煎西红柿饼

视觉享受：★★★★
味觉享受：★★★★
操作难度：★★

TIME 20分钟

菜品特点
香嫩酸甜
色泽鲜红

主料： 西红柿2个，五花肉100克，虾仁50克，水发冬菇35克，火腿20克，鸡蛋2个

配料： 干淀粉40克，味精、精盐、料酒、猪油各适量

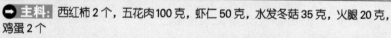

操作步骤

①将西红柿切去两头，再切成片，除去籽，洗净；冬菇洗净，用开水焯熟，晾凉备用；五花肉、虾仁、冬菇、火腿均剁成茸，放进碗里加入蛋清、味精、精盐、料酒拌匀成馅料。

②取一片西红柿，均匀地抹上一层馅料，盖上一片西红柿，涂上蛋液放进干淀粉中拌一拌。

③平底锅烧热放入猪油，将西红柿排入锅内煎，用小

火翻煎至两面熟，装盘即可。

操作要领

抹馅料时，要把西红柿片上的空隙也抹上。

营养贴士

西红柿具有止血、降压、利尿、健胃消食、生津止渴、清热解毒、凉血平肝的功效。

★ ★ ★ ★ ★

华北风味

★ ★ ★ ★ ★

吃在华北

　　华北地区民风淳朴，饮食讲求经济实惠，不喜欢奢华；食风庄重而大方，基本是以面食为主，小麦、杂粮兼用，偶尔配以大米，家常饭为馒头、面条、饺子、烙饼等。在这里，面食创造卓有成效，尤其是山西面食，刀削面、小刀面、抻面和拨鱼面，"四大名面"脱颖而出。

　　谈到华北地区小吃，脑海中瞬间便会浮现北京的豆汁、小窝头、炒疙瘩，天津的狗不理包子、十八街大麻花、驴打滚，河北的驴肉火烧，河南的灌汤包，山西的刀削面……其中悠久历史、品种繁多的北京小吃更是令人啧啧称赞、大快朵颐。

　　北京小吃俗称"碰头食"或"菜茶"，融合

了汉、回、蒙、满等多民族风味小吃以及明、清宫廷小吃而形成,其品种多、风味独特,大约二、三百种。包括佐餐下酒小菜(如白水羊头、爆肚、白魁烧羊头、芥末墩子等)、宴席上所用面点(如小窝头、肉末烧饼、羊眼儿包子、五福寿桃、麻茸包等)以及作零食或早点、夜宵的多种小食品(如艾窝窝、驴打滚等)。其中最具京味特点的有豆汁、灌肠、炒肝、麻豆腐、炸酱面等。一些老字号专营其特色品种,如仿膳饭庄的小窝窝、肉末烧饼、豌豆黄、芸豆卷,丰泽园饭庄的银丝卷,东来顺饭庄的奶油炸糕,合义斋饭馆的大灌肠,同和居的烤馒头,北京饭庄的麻茸包,大顺斋点厂的糖火烧等,其它各类小吃在北京各小吃店及夜市的饮食摊上均有售。

特色小吃

1. 刀削面

历史渊源

刀削面有一个古老的传说，相传蒙古鞑靼占领中原建立元朝以后，为了防止汉人造反，将家家户户的金属都没收了，并规定10户人家只能用一把菜刀，用完后交给鞑靼保管。一天，有一婆婆让自家老汉去取刀切面，但是刀被别家拿走，老汉无功而返，在出鞑靼的门时，老汉被一薄铁片绊倒，便将铁片带回家中。没有刀切面，老汉灵机一闪，取出铁片，端起面团站在锅边"砍面"，面煮熟后浇上卤汁，没想到味道极好。这样一传十，十传百，刀削面就流传开来了。

特点

山西刀削面因为味道独特而驰名，该面全部靠刀削，因此得名。用刀削出来的面叶子，中间厚，边缘薄，形似柳叶，棱锋分明；入口软而不黏，外滑内筋，越嚼越香，受到喜欢面食的人的欢迎。刀削面后与北京的炸酱面、山东伊府面、湖北热干面、四川担担面并称为中国的五大面食。

2. 豌豆黄

历史渊源

豌豆黄原本是回族民间小吃，后来被引入宫廷，清宫的豌豆黄选择上等的白豌豆，做出的成品香甜而爽口，受到慈禧太后的喜爱。

特点

豌豆黄是北京春夏两季的一种应时小吃。其成品细腻而纯净，色泽浅黄，入口即化，味道又香又甜，清凉而爽口。豌豆止渴、利小便，消炎祛暑，和中下气，有除脂肪、降血压、减肥的功效。

做法

将豌豆磨碎、去皮、洗干净、煮烂、用糖炒、凝结切块。传统做法里面还要嵌入红枣，仿膳饭庄所制最为出名。

习俗

豌豆黄是北京的传统小吃，按照北京人习俗，农历三月三要吃豌豆黄，因此每年春季豌豆黄开始上市，一直供应到春末。

分类

北京的豌豆黄分为两种，一种是北海公园仿膳饭庄制作的宫廷小吃，另一种就是走街串巷的小贩兜售的略粗糙的豌豆黄，虽然这两种小吃同名，但是在用料、工艺和价格上却有着天壤之别。

3. 驴肉火烧

特点

驴肉火烧是华北地区的风味小吃，起源于河北保定。将熟驴肉夹在火烧里面，火烧酥脆，驴肉肥而不腻，回味无穷。此外，在河北省河间市也有一种类似的小吃叫火烧驴肉，口味和做法与驴肉火烧有很大不同，同样很出名。

火烧

火烧是一种面食，一般是用死面做成的，将火烧在饼铛里面烙熟，再放到灶头里面烘烤，使其变得外焦里嫩，别具一番风味。

驴肉

驴肉是一种低脂肪、高蛋白食物，每100克驴肉含有的蛋白质高达23.5克，远远超过了猪、牛、羊的蛋白质含量，而脂肪含量只有0.7克，同时钙、磷、铁的含量相对也比较高，有"天上龙肉，地下驴肉"的美称。驴肉火烧选用的驴肉十分严格，其中驴脸部的肉最细嫩和讲究，经过精细加工后的驴肉和刚刚出炉的火烧，配上小米粥和酱菜，真是美味极了。

吃法

趁热用刀将火烧劈开，放入热腾腾的熟驴肉是最正宗的吃法，除此以外，还可用肉汤和淀粉熬制的焖子作为馅料加入火烧中佐食。有的厨师会加一些驴板肠提味，吃起来也不错。

TIME 60分钟

菜品特点
香甜细腻
富有营养

小窝头

视觉享受：★★★★★
味觉享受：★★★★
操作难度：★★

● **主料**：细玉米面、黄豆面各500克
● **配料**：白糖、糖桂花、酵母各适量

操作步骤

①将细玉米面、黄豆面、白糖、糖桂花一起加温水和酵母揉和至面团柔韧有劲，搓成圆条，揪剂。
②取面剂放左手心里，用右手指将风干的表皮揉软，再搓成圆球形状，蘸点凉水，在圆球中间钻一小洞，由小渐大，由浅渐深，并将窝头上端捏成尖形，直到面团厚度只有一分多，内壁外表均光滑时即制成小窝头。

③将小窝头上笼用旺火蒸10分钟即成。

操作要领

与温水揉和时注意把握水的用量。

营养贴士

可预防心脏病和癌症。

视觉享受：★★★★ 味觉享受：★★★★ 操作难度：★★

酥饼

TIME 60 分钟

菜品特点
皮酥鹹香
美味可口

主料： 黄豆面粉、小米面、白面各适量
配料： 食用油、白糖、白芝麻各适量

操作步骤

①锅里放油，烧热放入白面炒制，炒至颜色发黄即可，油酥不可过稀也不可过干。

②把黄豆面、小米面、白面放在面盆里，放一点点碱面，加水，和好面放一边醒 20 分钟。

③把和好的面用擀面杖擀成一张大的薄饼，把炒好的油酥用勺子均匀的抹在薄饼上，从下往上卷，卷成一个长条，把卷好的长条揪成一个个的小剂子，会看见里面有一圈圈的油酥，把剂子擀成薄片放点糖包上再擀成薄片，表面撒上一层白芝麻。

④锅里放油烧热，把擀好的饼皮放里，用小火烙，烙至两面金黄即可。

操作要领

中间的两次擀卷和松弛，可以使口感更加酥脆。

营养贴士

小米味甘咸，有清热解渴、健胃除湿、和胃安眠等功效。

主料： 牛奶500克
配料： 醪糟汁150克，松子仁、葡萄干、糖各适量

操作步骤

①将牛奶倒入一个容器内，加入糖，将容器放入微波炉内高火 3 分钟，使糖溶化，拿出容器，将牛奶晾凉。

②将醪糟汁滤出，加入到牛奶里面，搅拌均匀。

③用保鲜膜将碗盖上，用牙签扎些小孔，放入上汽的蒸锅中，用小火蒸（火太大奶酪会出现小洞）20分钟左右，关火，不开盖直到自然冷却。（也可以用锡箔纸包住口，放入烤箱用 150 度烤 30 分钟左右，自然冷却后放入冰箱。）

④等蒸锅冷却以后，取出奶酪，密封放入冰箱内2~3 小时，吃时撒上松子仁、葡萄干等干果即可。

操作要领

做奶酪的牛奶纯度越高效果越好，可以在制作前倒入锅中，用小火熬 10 分钟左右，使其浓缩，但是要把奶皮去掉。

营养贴士

牛奶是人体钙的最佳来源，而且钙磷比例非常适当，利于钙的吸收。

视觉享受：★★★★★ 味觉享受：★★★★ 操作难度：★★★

老北京奶酪

TIME 4小时

菜品特点
滑嫩爽口
营养丰富

芸豆蛤蜊打卤面

视觉享受：★★★★
味觉享受：★★★★
操作难度：★

TIME 20分钟

菜品特点
鲜美可口
营养丰富

主料：活蛤蜊、芸豆、肉丁、鲜面条、鸡蛋各适量
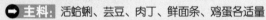配料：葱、姜、蒜、花生油、盐、味精、香油各适量

操作步骤

①将蛤蜊洗净煮熟，剥肉洗净备用（蛤蜊汤要留一些，沉淀出杂质后备用）。

②将芸豆滚刀切成丁，用开水烫一下；葱、姜、蒜切末。

③锅内加花生油，油开后，放入葱、姜、蒜爆锅，将芸豆、肉丁倒入锅内炒熟，加水和蛤蜊汤，开锅后，放入蛤蜊肉。

④将鸡蛋打散后，倒入搅成蛋花，放少许盐和味精，点一点香油，最后，倒入煮好的面条碗里，一碗鲜

美可口的海鲜打卤面就做好了。

操作要领

选购蛤蜊时，可拿起轻敲，若为"砰砰"声，则蛤蜊是死的；相反，若为"咯咯"较清脆的声音，则蛤蜊是活的。

营养贴士

芸豆特别适合心脏病、动脉硬化、高血脂和忌盐患者食用。

视觉享受：★★★　味觉享受：★★★★　操作难度：★★★

八宝茶汤

TIME 20分钟

菜品特点
质地细腻
甜润香醇

主料： 糜子面粉500克

配料： 橘饼、莲子、核桃仁、红枣肉、瓜条、黑芝麻、青梅、白糖各适量

操作步骤

①碗内倒入50克沸水和10~15克凉开水，加入糜子面粉调成糊。

②碗内加橘饼、莲子、核桃仁、红枣肉、瓜条、黑芝麻、青梅、白糖，用白开水冲搅至糊状，使其成杏黄色茶汤即可。

操作要领

冲糊要用滚沸的水，冲后要及时用汤匙搅匀。

营养贴士

糜子煮熟和研末食，可治气虚乏力、中暑、头晕、口渴等症。

主料： 荞麦面250克，腌胡萝卜丝20克

配料： 盐、酱油、醋、芝麻酱、芥末酱、辣椒油、蒜汁各适量

操作步骤

①往荞麦面里放少许盐拌匀，用热水和成软面团，放入盘或碗里按平，罩上保鲜膜上笼蒸20分钟。

②面团蒸熟后取出晾凉，然后用刀切成条码入盘中，里面放入腌胡萝卜丝，浇上用芝麻酱、芥末酱、酱油和醋混合的酱料，再浇上辣椒油、蒜汁拌匀即可。

操作要领

制作扒糕时，还可把水煮开倒入面粉搅拌烫熟，然后把面团投入凉水盆中用手攥成面饼，凉透后切条拌食。

营养贴士

夏季吃冰镇的扒糕，可消暑开胃。

视觉享受：★★★　味觉享受：★★★★　操作难度：★★

扒糕

TIME 30分钟

菜品特点
气味清香
口感香滑

拔丝鸡盒

视觉享受：★★★★★
味觉享受：★★★★★
操作难度：★

TIME 20分钟

菜品特点
色泽美观
香甜适口

➡ 主料：鸡脯肉300克

➡ 配料：植物油75克，北京果脯100克，白糖100克，红、绿樱桃丁共6克，面粉、发面、食用碱、白芝麻各适量

⚡ 操作步骤

①鸡脯肉洗净切成直径3厘米的圆片，沾上面粉；果脯洗净剁成馅，用手搓成小球。

②发面加水调匀，使用前要加入适量碱调成发面糊。

③炒锅上火放油烧至五六成热，每两片鸡片中间加入果脯球成鸡盒状，裹上发面糊，逐一投入油锅内，慢火炸之鸡盒飘浮、成金黄色捞出控油。

④锅内放入白糖，水加热，将糖熬至浅黄色时投入炸好的鸡盒颠炒，使糖汁均匀的裹在鸡盒上出锅装

盘，再撒上红樱桃丁、绿樱桃丁、白芝麻即成。

🍴 操作要领

为了盘子好清洗，盘子上最好抹一点香油，以防沾上糖液。

👉 营养贴士

鸡的肉质细嫩，滋味鲜美，适合多种烹调方法，并富有营养，有滋补养身的作用。

视觉享受：★★★★　味觉享受：★★★★　操作难度：★★

拔丝莲子

TIME 20分钟

菜品特点
色泽金黄
酥脆香甜

> **主料：** 水发莲子适量
> **配料：** 油、白糖、干淀粉各适量

🌀 操作步骤

①将发好的莲子洗净，再沾上干淀粉。

②炒锅放油，烧至五六成热，将沾好淀粉的莲子放入锅内，炸至金黄色捞出、控油。

③炒锅刷洗干净放入白糖，注入温水加热，糖熬至浅黄色时放入炸好的莲子，颠翻几下将糖汁均匀地裹在莲子上出锅装在盘子里即可。

🔥 操作要领

为了盘子好清洗，盘子上最好抹一点香油，以防沾上糖液。

👉 营养贴士

莲子具有补脾、益肺、养心、益肾和固肠等作用。

> **主料：** 豆角 150 克，鲜面条 250 克
> **配料：** 大蒜 5 瓣，葱 1 根，白糖、盐各 8 克，香油 20 克，酱油、植物油各适量

🌀 操作步骤

①豆角洗净后，撕去两端的茎，然后掰成 4～5 厘米长的段；大蒜切碎，大葱切末。

②锅中加入适量植物油，烧至四成热，放入葱末和一半的蒜末，炒出香味，放入豆角炒匀，翻炒半分钟后，加入酱油、白糖、盐拌匀，淋入清水没过豆角表面，然后加盖用中火焖至汤汁烧开，将汤汁倒在一个汤碗中备用。

③将火力调到最小，用铲子将豆角均匀地铺在锅底，鲜面条分 2 次加入，均匀地铺在豆角上，每铺一层面条，都在上面淋上一层刚刚倒出的汤汁。

④加盖中小火慢慢焖，直至锅中水分快要收干，最后用筷子将面条和豆角拌匀，撒上剩余的蒜末、淋入香油拌匀即可。

🔥 操作要领

焖面是利用水蒸气将面条、豆角焖熟，一定要用小火。

👉 营养贴士

豆角富含胡萝卜素，有调和脏腑、安养精神、益气健脾、消暑化湿和利水消肿的功效。

视觉享受：★★★★★　味觉享受：★★★★★　操作难度：★

豆角焖面

TIME 40分钟

菜品特点
操作简单
四季皆宜

TIME 45 分钟

如意韭菜卷

视觉享受：★★★★★
味觉享受：★★★★
操作难度：★★

菜品特点
造型美观
美味可口

- **主料：** 面粉、韭菜各适量
- **配料：** 平菇、葱、姜、蒜、盐、植物油各适量

操作步骤

①面粉、水、盐混合均匀，和成光滑的面团，醒30分钟，擀成面皮；韭菜、平菇、葱、姜、蒜切末。

②锅倒油烧热，放入葱、姜、蒜炒香，放入韭菜、平菇炒熟，盛在碗里当馅。

③将面皮切成长条，铺在桌上，放上韭菜馅，顺一个方向卷起。

④锅倒油烧热，放入韭菜卷炸至金黄即可捞出。

操作要领

面皮擀薄一点，因为韭菜馅是熟的，所以不宜炸太久，而面皮太厚的话，一小会儿炸不熟。

营养贴士

韭菜可补肾助阳，温中开胃。

视觉享受：★★★★★ 味觉享受：★★★★★ 操作难度：★★

麻团

TIME 20分钟

菜品特点
外脆里糯
甜香可口

> **主料：** 糯米粉 250 克，红豆沙 80 克
> **配料：** 白芝麻 80 克，白糖 50 克，泡打粉 1 克，色拉油适量

操作步骤

①白糖放入碗里，加温水搅拌至融化，筛入糯米粉和泡打粉，加 1 勺油和适量温水，拌匀后和成光滑的面团。将面团分成等量的剂子，取一个按扁后包入豆沙，搓成圆球。

②搓好的麻团放在盛有芝麻的碗里，多滚几圈，使其均匀沾上芝麻，最后再用手ami紧按压几下，防止芝麻掉下。

③锅中倒入色拉油，六成热时放入麻团，用小火炸约 15 分钟，炸的过程中要不停用铲子翻动麻团，使其均匀受热，等麻团体积变大浮起来，呈金黄色时捞出，用厨房纸巾吸掉多余油分即可食用。

操作要领

搓好的圆球放在芝麻碗里要多滚几圈，芝麻要沾均匀且压紧。

营养贴士

中老年人经常食用麻团可以调节体内的胆固醇含量，抑制人体衰老。

> **主料：** 乌梅、山楂各 100 克，甘草 10 克
> **配料：** 冰糖适量

操作步骤

①在盆中加入一大锅清水，把乌梅、山楂、甘草放入清水中浸泡 30 分钟。

②在砂锅中加入清水，再把泡好的乌梅、山楂和甘草一起放入砂锅中，然后用大火烧开。

③烧开之后，再改用小火煮 30 分钟，接下来往锅中加入适量冰糖，然后再盖上锅盖，煮 10 分钟左右，等开锅以后，用小锅搅拌几下即可。

操作要领

放入材料后一定要煮开一次水，再调小火熬制。

营养贴士

饮酸梅汤能生津止渴、收敛肺气、除烦安神，是炎热夏季不可多得的保健饮品。

视觉享受：★★★★ 味觉享受：★★★★ 操作难度：★

酸梅汤

TIME 90分钟

菜品特点
酸甜爽口
解暑安神

姜汁排叉

TIME 30分钟

视觉享受：★★★★★
味觉享受：★★★★
操作难度：★★

菜品特点
酥脆爽口
口感独特

主料： 面粉200克，姜适量
配料： 鸡蛋1个，黑芝麻5克，白糖10克，糖针、植物油适量

操作步骤

①取面盆一个，加面粉、鸡蛋、白糖、姜汁、清水搅拌均匀，加入黑芝麻将面粉揉上劲，制成面团备用。

②将和了姜汁的面团擀成薄薄的（尽量薄一些）面皮备用。

③用刀将面片切成长15厘米、宽7厘米左右的菱形条。

④将面片的一端从划开的地方穿出来后把整个面片扭成花形备用。

⑤锅中放油，七成热时入处理好的面片炸成金黄色，捞出控油后，装盘撒上糖针即可。

操作要领

要用旺火来炸，这样才能达到酥脆的口感。

营养贴士

生姜还有健胃增进食欲的作用，夏令气候炎热，唾液、胃液的分泌会减少，因而影响人的食欲，如果在吃饭时食用几片生姜，会增进食欲。

视觉享受：★★★★　味觉享受：★★★★　操作难度：★★

野菜煎饼

TIME 20分钟

菜品特点
鲜香可口
色泽翠绿

主料： 野菜100克，面粉300克
配料： 鸡蛋1个，色拉油、盐、白糖各适量

操作步骤

①面粉加入适量清水，调成稀糊状。
②面粉糊里加入鸡蛋、适量盐、白糖拌匀。
③野菜洗净，切碎后拌入面粉糊。
④锅内放少量色拉油，用大一点的勺子舀1勺面粉糊放入锅中，迅速摊开，然后用小火慢慢煎，直到两面都有些金黄色，出锅放入盘中即可。

操作要领

野菜取材要新鲜，洗切和下锅烹调的时间不宜间隔过长，以避免造成维生素、无机盐的损失。

营养贴士

野菜富含植物纤维，是很适合大人、小孩食用的绿色食品。

主料： 黄花菜500克
配料： 植物油、盐、鸡蛋、面粉、姜丝、料酒各适量

操作步骤

①黄花菜洗净，切成两截，放姜丝、料酒、盐腌30分钟。
②碗内打入一个鸡蛋，加适量面粉搅拌成面糊。
③每三四根黄花菜一组，一次放入碗内，裹上面糊。
④锅倒油烧热，将裹好面粉的黄花菜，一个接一个的放在锅内，煎至金黄即可。

操作要领

要选用新鲜的黄花菜。

营养贴士

常吃黄花菜能滋润皮肤，增强皮肤的韧性和弹力。

视觉享受：★★★★　味觉享受：★★★★　操作难度：★★

香煎黄花菜

TIME 15分钟

菜品特点
酥香美味
色泽靓丽

TIME 60 分钟

菜品特点
味鲜清香
皮酥肉软

炸鹿尾

视觉享受：★★★★
味觉享受：★★★★
操作难度：★★

> **主料：** 猪五花肉（去皮）400 克，猪肝 100 克，松子仁 20 克，肠皮 80 克
> **配料：** 香油 40 克，白肉汤 800 克，盐、味精各适量，葱、姜末各 8 克，植物油 400 克（实耗 40 克）

操作步骤

①把猪肉、猪肝分别剁成细末，松子仁切碎后，放入容器里，再加入盐、香油、味精、葱、姜末等搅拌均匀，而后加入白肉汤适量搅拌成馅，把馅装入洗净的肠皮内，用线绳扎紧两头，即成生"鹿尾"。
②把白肉汤倒入汤锅内，放入生"鹿角"，用旺火烧开后，再用文火煮 15～20 分钟后用竹竿刺破肠皮 1～2 个小孔，再煮几分钟即可取出解除线绳。
③把植物油倒入炒锅，在旺火上烧热，把"鹿尾"

放入，炸成金黄色后捞出，用刀斜切成片，整齐地摆入盘中即可。

 ## 操作要领

用竹竿在肠皮上刺小孔，是为了使肠内的油水流入汤内，保证"鹿尾"熟后不致涨破皮。

 ## 营养贴士

猪肝有补肝明目、养血的功效。

视觉享受：★★★★★ 味觉享受：★★★★★ 操作难度：★★

牛肉馅饼

TIME 50分钟

菜品特点
口味鲜

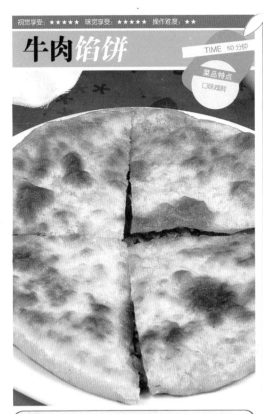

➡主料： 小麦面粉400克，牛肉600克，白菜250克

👉配料： 酱油30克，盐2克，味精少许，葱末、酵母、花生油各适量

🥢 操作步骤

①牛肉绞过后加酱油、盐、味精调味；白菜洗净，切成细末；将牛肉、白菜、葱末拌匀。

②面粉用冷水、酵母和匀，揉搓5分钟，再抹花生油少许，揉匀，静置20分钟；将面团分成小段，按扁后用擀面棍擀成皮；包入馅料，捏合成馅饼。

③平底锅大火烧热，放入馅饼略按扁烘一会儿，倒入花生油，烙成两面金黄，盛出切十字供食。

🔥 操作要领

烙馅饼需要耐心，一面烙至焦黄之后，要及时翻面。

👉 营养贴士

牛肉富含蛋白质，可补充能量。

➡主料： 小根蒜、酸菜心各200克，面粉400克

👉配料： 鸡蛋2个，盐、胡椒粉、酱油、蚝油、芝麻油、植物油各适量

🥢 操作步骤

①小根蒜洗净剁碎；酸菜心剁碎；鸡蛋打到碗里，加盐搅拌。

②锅倒植物油烧热，放入鸡蛋，炒熟后盛出，剁碎，放在盆里，加入根蒜、酸菜心、胡椒粉、酱油、蚝油、芝麻油拌匀。

③面粉用开水烫过和成面团，静置30分钟，将面团揉匀，搓成长条，分成等大的剂子，按扁，擀成圆片，包入馅料。

④平底锅放油烧热，放入盒子，烙至两面金黄后即可取出食用。

🔥 操作要领

小根蒜比较辛辣，所以要在馅中添加其他菜料。

👉 营养贴士

小根蒜有治疗肝炎、白细胞减少等症状的功效。

视觉享受：★★★★ 味觉享受：★★★★ 操作难度：★★

小根蒜烙盒

TIME 40分钟

菜品特点
辛辣爽口

双耳蒸蛋皮

TIME 20分钟

菜品特点
色泽鲜艳
美味营养

视觉享受：★★★★★
味觉享受：★★★
操作难度：★

● 主料：鸡蛋若干，木耳、银耳各适量
● 配料：盐、料酒、湿淀粉、色拉油各适量

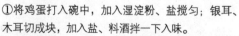
操作步骤

①将鸡蛋打入碗中，加入湿淀粉、盐搅匀；银耳、木耳切成块，加入盐、料酒拌一下入味。

②将锅置于旺火上加色拉油烧热，将鸡蛋液倒入锅中摊成鸡蛋皮，取出切成宽条备用。

③将鸡蛋皮铺在盘子上，上面放上银耳和木耳，顺

着一个方向卷起来，上蒸锅蒸5分钟摆在盘中即可。

操作要领

鸡蛋皮切宽一点，卷在里面的"双耳"才不会掉出来。

营养贴士

鸡蛋可祛热、镇心安神、安胎止痒、止痢。

54

★ ★ ★ ★ ★

华东风味

★ ★ ★ ★ ★

吃在华东

　　地理上的华东地区指的是我国东南部的几个省，即江浙沪等江南地区，该地区气候较湿润，适宜水稻的种植，因此，华东地区的人民喜食大米，偶尔为了改改口味，会吃点面食或者杂粮。在华东地区，人们十分擅长制作糕点，其糕点种类繁多，并且十分美味，这也注定了华东地区风味小吃的纷繁多姿。

　　华东地区的人喜欢美食，注重养生，在饮食方面十分讲究，不仅要吃得有学问，还要吃得有名堂，在这里可以看到全国首屈一指的美食街，如上海城隍庙、南京夫子庙、杭州西湖、苏州观前街等。这片土地上凝聚了江南名珍玉食的精华，上百家饮食店铺朝朝暮暮红火欢腾，各地游客流连于美食长廊中，共同构建成独特的人文景观。

华东地区的人民喜欢将食用性和艺术性相统一，讲求少吃，多滋味，注重时尚，强调"美酒佳肴""清风朗月"，这种饮食情趣和艺术氛围的结合是其他地区所不能比拟的。

将玉盘珍馐、园林水乡和文雅精致的饮食结合在一起，展示了文人墨客的饮食风格，因此人们在进餐时不仅得到物质上的享受，还受到了精神上的熏陶，进而神情畅达，心灵得到净化。

除此以外，华东地区的饮食风格一方面继承了中国烹饪文化的传统，另一方面又吸收了其他地区甚至海外各国的精华，擅长"南料北烹""西菜中做"，华东的饮食一直紧跟世界饮食潮流，一直走在前头，充满了朝气和活力。华东人喜欢将祈福求吉、驱邪消灾、拯救良善、讴歌爱情等美好祈愿融于饮食之中，使得一些特色小吃如东坡肉等带上了浓烈的感情色彩。

特色小吃

1. 鸭血粉丝

习俗

在南京，卖鸭血粉丝的摊子可谓是星罗棋布，摊主们之前先把鸭血煮熟，切成小块放在锅里，等到有游客点菜，便捞出鸭血摆在粉丝上，浇滚烫的鲜汤，滴上几滴香油，撒一撮虾米或者鸭肠衣等，再添一小把香菜；喜欢吃辣的客人，还可以自己选择加辣椒油或者胡椒，香辣可口。

南京人喜欢吃鸭子，不光是鸭肉，连鸭的内脏和鸭血都能做出一番文章。在南京，很多店面都能将这几种东西的美味发挥到极致。鸭血粉丝主要就是用鸭血、鸭肝、鸭肠和老鸭汤煮制而成。

历史渊源

鸭血粉丝最早是由镇江落第秀才梅茗创制，他创制的鸭血粉丝曾经被晚清《申报》的第一任主编蒋芷湘赞曰："镇江梅翁善饮食，紫砂万两煮银丝。玉带千条绕翠落，汤白中秋月见媸。布衣书生饕餮客，浮生为食不为诗。欲赞茗翁神仙手，春江水暖鸭鲜知。"这一记载可以说是鸭血粉丝可考证的最早的记载。

2. 蟹壳黄

特点

蟹壳黄是用发酵面和油酥一起制成的一种夹馅的酥饼，成品为褐黄色，入口松、香、酥，因其形状和饼的颜色酷似煮熟后的蟹壳而得名。蟹壳黄主要是油酥和发酵面做坯子，先做成扁圆小饼，其外沾上一层芝麻，放在烘炉壁上烘烤即成。这种饼咸甜适宜，味美皮酥，口感香脆。

历史

蟹壳黄的馅分为咸、甜两种，咸味蟹壳黄其馅有蟹粉、虾仁、鲜肉和葱油等，甜味蟹壳黄其馅有豆沙、玫瑰、白糖和枣泥等多种。在早期的上海茶楼、老虎灶店铺，基本都设有一个平底煎盘炉和一个立式烘缸，一边做买卖，一边卖两种小点心，就是蟹壳黄和生煎。蟹壳黄香而酥脆，生煎鲜嫩，受到茶客的喜爱。

等到20世纪30年代后期，逐渐出现了只卖蟹壳黄和生煎的专卖店，像黄家沙、吴苑、大壶春等，轰动一时。

3. 老鸭汤

菜品介绍

　　老鸭汤，是安徽沿江的汉族传统名菜，也是重庆菜的一种，汤汁澄清香醇，滋味鲜美，鸭脂黄亮，肉酥烂鲜醇，一种集美食养生，传统滋补，民间食疗为一体的大众消费型汤锅食品。"老鸭汤"以其汤鲜味美、老鸭皮糯肉耙、萝卜酸香爽口、具有独特的风味，令人常食不腻。不管是男女老少、天南地北、一年四季都能食用。

营养价值

　　大暑宜食老鸭汤。由于夏季气候炎热而又多雨，暑热夹湿，常使人脾胃受困，食欲不振。因此需要用饮食来调补，增加营养物质的摄入，达到祛暑消疲的目的。营养物质应以清淡、滋阴食品为主，即"清补"。老鸭就是暑天的清补佳品，它不仅营养丰富，而且因其常年在水中生活，性偏凉，有滋五脏之阳、清虚劳之热、补血行水、养胃生津的功效。

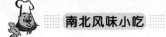

TIME 30分钟

菜品特点
浓甜润滑
美味可口

银耳羹

视觉享受：★★★★★
味觉享受：★★★★
操作难度：★

> 主料：银耳10克，莲子6克，红枣10个
>
> 配料：冰糖、枸杞适量

操作步骤

①银耳用水泡发后，除去根部泥沙及杂质，放入碗中；红枣洗净去核，放入碗中备用。

②锅上火，加入适量清水，放入银耳、莲子、红枣、枸杞一同煮。

③待银耳、莲子、红枣、枸杞熟后，加入冰糖调味，盛入碗中即可食用。

操作要领

觉得去红枣核麻烦的话，也可以直接买无核的红枣。

营养贴士

本菜品不仅适用于智力、记忆力不佳的人食用，而且还是一道可以美容的食品，深受女士欢迎。

视觉享受：★★★★ 味觉享受：★★★★ 操作难度：★★

鲁式酸辣汤

TIME 15分钟

菜品特点
醒胃消滞
刮脂去腻

主料： 豆腐1/4块，粉丝100克，木耳40克，里脊丝50克，鸡蛋1个

配料： 水淀粉、盐、料酒、醋、生抽、胡椒粉、鸡精、芝麻、香油、姜丝、香葱末、香菜碎各适量

操作步骤

①将里脊肉丝用料酒、鸡精、胡椒粉、盐、水淀粉上浆备用；取一小碗，加入醋、胡椒粉、生抽、盐搅匀成胡椒醋汁备用；豆腐切细条，粉丝用热水焯软。

②锅置火上，加水煮开，下入木耳丝及姜丝，煮3~5分钟后下入浆好的里脊丝拨散，打去浮沫，下入切成细条的豆腐、粉丝，开锅后加入兑好的胡椒醋汁搅匀，马上加入水淀粉，用锅轻推，待变浓后关小火。

③均匀地倒入鸡蛋液，全倒完后再用锅轻推1~2下，形成大片的蛋花，中火至开加入鸡精、香油立即关火，装碗里撒些芝麻、香葱末、香菜碎点缀即可。

操作要领

醋和胡椒粉调成的汁加入以后的操作动作要迅速，否则久煮会失去风味。

营养贴士

豆腐高蛋白、低脂肪，具降血压、降血脂、降胆固醇的功效。

主料： 肥瘦肉适量

配料： 白菜、香菜、海米、葱丝、香菜末、鹿角菜、盐、味精、胡椒粉、料酒、香油、鸡蛋清、淀粉各适量

操作步骤

①白菜、香菜、海米、鹿角菜切成末，肥瘦肉剁成馅。

②将肥瘦肉馅以4:6的比例放入器皿中，依次加入鹿角菜末、白菜末、海米末、香菜末、料酒、盐、胡椒粉、淀粉、蛋清，顺一个方向搅打上劲，用手抓一把丸子馅，从虎口处挤出丸子。

③待蒸锅上汽后将丸子放入锅中蒸5分钟左右，锅中加适量水，调入盐、味精、胡椒粉、料酒煮沸，丸子放入碗中加葱丝、香菜，浇入汤并淋香油即可。

操作要领

也可和汤一起食用，汤的营养也很丰富。

营养贴士

猪肉具有补虚强身，滋阴润燥、丰肌泽肤的作用。

视觉享受：★★★★★ 味觉享受：★★★★ 操作难度：★★

山东蒸丸子

TIME 45分钟

菜品特点
鲜嫩爽口
香味浓郁

花生粘

TIME 25分钟

菜品特点
香甜可口
操作简单

视觉享受：★★★★★
味觉享受：★★★★
操作难度：★

- **主料：** 花生米（生）500克
- **配料：** 白砂糖 500克

操作步骤

①将花生米中的杂物清理干净，用适量净沙炒成象牙黄色后，筛去沙子，搓去皮备用。

②锅中倒入白砂糖和清水加热，待糖加热至145度左右，即用筷子挑糖，能拉起丝时，将锅离火。

③将糖液倒入熟花生米内，迅速铲拌，直到花生米表面全部沾有糖液并开始凝结时，停止搅拌，移出成品，在筛中冷却摊平，把个别粘连在一起的花生米分开，使它成为一颗一颗的，冷却后便可食用。

操作要领

用白砂糖和清水做糖液时，要注意比例。

营养贴士

花生性平、味甘，入脾、肺经，具有醒脾和胃、润肺化痰、滋养调气、清咽止咳的功效。

葱香鸡蛋软饼

视觉享受：★★★★　味觉享受：★★★★　操作难度：★★

TIME 20分钟

菜品特点

葱香四溢
香软可口

- **主料**：面粉适量
- **配料**：鸡蛋1个，葱花、盐、植物油各适量

操作步骤

①在面粉中打一个鸡蛋，根据个人口味放入适量盐，拌匀，再慢慢加入适量水，使面糊成为流动的糊状，再将葱花拌入备用。

②平底锅中倒入少许油，抹匀，倒入适量面糊摊成薄饼，两面煎黄即可。

操作要领

面糊不要太稠，否则摊饼的时候比较难成形。

营养贴士

鸡蛋含有两种氨基酸——色氨酸与酪氨酸，这两种酸可以帮助人体抗氧化。

- **主料**：凤爪200克
- **配料**：青、红椒共100克，蒜瓣、绍酒、卤汁、清汤、精盐、味精各适量

操作步骤

①将青、红椒去籽和蒂，洗净后切成三角形待用；蒜瓣去皮，拍成蒜泥；将凤爪洗净拆骨，沿脚趾切开。

②净锅上火，放入凤爪、少量清汤、卤汁、绍酒，旺火烧沸，改用小火焖至凤爪熟烂，将蒜泥下锅，再下入精盐、味精调味。

③捞出凤爪冷凉后，装入盘内，边上围上青、红椒即成。

操作要领

不会给凤爪拆骨的话，可以直接买拆好骨的凤爪做。

营养贴士

凤爪富含谷氨酸、胶原蛋白和钙质，多吃不但能软化血管，同时还具有美容功效。

翡翠凤爪

视觉享受：★★★★★　味觉享受：★★★★★　操作难度：★★

TIME 30分钟

菜品特点

色泽招展
味道鲜美

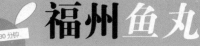

福州鱼丸

TIME 30 分钟

菜品特点
色泽洁白
鲜香不腻

- **主料：** 草鱼 1 条，五花肉适量
- **配料：** 蛋清、盐、干淀粉、虾油、葱花、植物油各适量

操作步骤

①将草鱼去鳞、去皮、去腮、开膛，冲洗干净，剔下净鱼肉备用。

②将鱼肉剁成肉泥，放入小盆里，加入蛋清，搅打；再加入 1 勺干淀粉不停搅打成细细的肉蓉。

③五花肉剁碎，加入 2/3 的葱花和盐、油调和成馅料备用。

④盛 1 勺肉蓉在手掌上摊开，中间放一点馅料，用手慢慢将鱼肉泥团拢起，在虎口处轻轻挤出一个光滑完整的鱼丸，用小匙舀起，放入装水的盆里，鱼

丸就浮在水面了。

⑤锅里放入清水，开锅后放入鱼丸，滴入几滴虾油，再次煮沸，出锅装碗里，放上葱花点缀即可。

操作要领

处理草鱼的时候，尽量把鱼刺剔一遍，只留鱼肉即可。

营养贴士

草鱼含有丰富的硒元素，经常食用有抗衰老、养颜的功效，而且对肿瘤也有一定的防治作用。

视觉享受：★★★★　味觉享受：★★★★　操作难度：★

干煎凤片

TIME 30分钟

菜品特点
焦嫩可口
操作简单

● **主料：** 鸡胸肉1块
● **配料：** 鸡蛋2个，葱、姜、蒜、盐、料酒、黑胡椒粉、花椒粉、色拉油各适量

操作步骤

①鸡胸肉洗净，用牙签在上面扎几个小洞，葱、姜、蒜切末，鸡蛋只留蛋清在碗里。

②将鸡胸肉放在碗内，用葱末、姜末、蒜末、料酒、盐腌入味后均匀地抹上一层黑胡椒粉和花椒粉，再沾上一层薄薄的蛋清。

③锅倒油烧热，放入鸡肉煎至两面焦黄即可。

操作要领

用牙签扎鸡肉是为了腌的时候更容易入味。

营养贴士

鸡的肉质细嫩，滋味鲜美，适合多种烹调方法，并富有营养，有滋补养身的作用。

● **主料：** 五花肉300克，蒸肉粉140克
● **配料：** 荷叶2张，香葱1棵，生姜1小块，香油、酱油、料酒、甜面酱、五香粉、白糖各适量

操作步骤

①将肉洗净切成方块，中间直切一刀，表皮相连；鲜荷叶用热水烫软备用，葱、姜洗净切丝。

②将酱油、甜面酱、白糖、料酒、葱丝、姜丝、五香粉、香油放入装肉块的盆内，拌匀腌30分钟，再加蒸肉粉拌匀。

③拿一个蒸菜用的碗，铺上荷叶，把拌好的肉放在碗里铺平后，放入蒸锅里蒸至肉耙烂，取出把碗扣在盘中，揭开小碗即可。

操作要领

酱油也可以换成生抽或老抽。

营养贴士

猪肉含有丰富的优质蛋白质和必需的脂肪酸，并提供血红素（有机铁）和促进铁吸收的半胱氨酸，能改善缺铁性贫血，具有补肾养血，滋阴润燥的功效。

视觉享受：★★★★　味觉享受：★★★★　操作难度：★★

荷叶粉蒸肉

TIME 50分钟

菜品特点
鲜耙软糯
油而不腻

TIME 70分钟

清蒸狮子头

视觉享受：★★★★
味觉享受：★★★★
操作难度：★★

菜品特点
肥而不腻
入口即化

● **主料：** 五花肉 300 克

● **配料：** 马蹄 100 克，鸡蛋 1 个，枸杞 2 克，料酒 15 克，淀粉 10 克，清汤 1 碗，盐、胡椒粉、味精各少许，油菜适量

操作步骤

①油菜洗净，用热水焯烫后，对切成两半，放入碗中，加少许清汤；马蹄切丁，五花肉切粒。

②将马蹄、五花肉放入盆中，加盐、料酒、胡椒粉、味精、鸡蛋液、淀粉搅打上劲，用手团成球状，即成狮子头。

③制好的狮子头，入笼蒸 60 分钟，取出放入步骤①

的碗中，最后撒上枸杞即可。

操作要领

做狮子头时，要捏紧，不然蒸的时候会散。

营养贴士

猪肉具有补虚强身，滋阴润燥、丰肌泽肤的作用。

视觉享受：★★★★★ 味觉享受：★★★★ 操作难度：★

桂圆蜜汁水果

TIME 30分钟

菜品特点
味道鲜美
口味浓郁

主料：香蕉、菠萝、草莓、猕猴桃各2个
配料：水果罐头1瓶，桂圆、蜂蜜、冰糖各适量

操作步骤

①菠萝、猕猴桃去皮切块，菠萝在淡盐水中浸一会儿，香蕉剥皮切片，草莓洗净纵切两半，桂圆剥壳只要肉。

②把步骤①中的水果按一层香蕉，一层菠萝，一层猕猴桃，一层草莓的顺序摆在碗里，在最上面放上桂圆肉。

③把水果罐头里的汁倒入锅中，加入少量清水，放入冰糖熬化，到汤汁浓郁，有黏稠的感觉时，倒进步骤②的碗内即可。

操作要领

不用罐头内的水果是因为这道甜品用新鲜水果更美味。

营养贴士

桂圆可补心脾、益气血、健脾胃、养肌肉。

主料：南瓜500克
配料：枣（干）20克，红糖10克，甜酒酿适量

操作步骤

①把南瓜洗净去皮，切成块状；红枣去核。

②红枣、南瓜、红糖一起放入盛水煲中，煮至南瓜烂熟，盛出倒在碗里，放一勺甜酒酿调味即可。

操作要领

糖尿病患者若按照该食谱制作菜肴，请将调料中的糖去掉。

营养贴士

此汤具有健肺、补中益气的作用。

视觉享受：★★★★★ 味觉享受：★★★★ 操作难度：★

双红南瓜汤

TIME 20分钟

菜品特点
香甜可口
营养滋补

甜酒年糕荷包蛋

视觉享受：★★★★
味觉享受：★★★★
操作难度：★

TIME 20分钟

菜品特点
香甜软糯
美味营养

- **主料：** 水磨年糕1块，糯米甜酒1碗，鸡蛋1个
- **配料：** 冰糖少许

操作步骤

①水磨年糕细细地切成小块，加上1小碗清水，和糯米甜酒一起放到不粘小锅里煮。

②等煮开了，再磕1个鸡蛋，加几块冰糖进去，稍微搅一搅即可。

操作要领

年糕有黏性，切时要注意。

营养贴士

荷包蛋易于消化，含有丰富的蛋白质、脂肪，并含有除维生素C以外的几乎所有其他维生素和矿物质。

视觉享受：★★★★ 味觉享受：★★★★ 操作难度：★

桂圆红豆黑枣汤

TIME 90分钟

菜品特点
美味营养
口味独特

- **主料：**黑豆若干
- **配料：**红枣、莲子、桂圆肉各适量

操作步骤

①将黑豆、红枣、莲子洗净，提前在清水中浸泡。

②锅中放八分满的水，将泡好的黑豆、红枣、莲子同桂圆肉一起放入锅里，用小火煮60分钟。

③用汤匙撇去汤上的浮渣，等到水熬得比原来减少1/3左右的时候就可以盛出食用了。

操作要领

黑豆要选豆大且圆润黑亮的，黑色外皮下是绿色的，才是新鲜的黑豆。

营养贴士

黑豆具有滋阴补血、安神、明目、益肝等功效，桂圆及大枣都具有调补脾胃的作用，常食此汤可补肾、润发、乌发、补血安神。

- **主料：**鸡腿600克
- **配料：**红辣椒、青辣椒各1个，生姜1块，大蒜10瓣，食用油500克（实耗30克），香油、蚝油、料酒各15克，豆瓣酱10克，冰糖适量

操作步骤

①鸡腿洗净剁块，生姜、蒜切片，辣椒斜切成环状。

②将鸡肉块放入烧热的油锅中，先用小火炸5分钟，再调成大火炸3分钟，炸至表面呈金黄色即可捞起沥干油。

③锅内留底油，爆香姜片、蒜片、辣椒，加入炸好的鸡肉块拌炒，再将香油、蚝油、料酒、豆瓣酱、冰糖放入，用小火煮至汤汁呈浓稠状即可。

操作要领

鸡腿要切成小块，否则不容易入味。

营养贴士

鸡肉肉质细嫩，滋味鲜美，并富有营养，有滋补养身的作用。

视觉享受：★★★★★ 味觉享受：★★★★★ 操作难度：★★

三杯鸡

TIME 30分钟

菜品特点
肉嫩味美
营养可口

南北风味小吃

松子鸡

TIME 30分钟

视觉享受：★★★★★
味觉享受：★★★★
操作难度：★★

菜品特点
鲜香可口
营养美味

- **主料：** 少母鸡1只（750克），净猪肋条肉150克
- **配料：** 炸好的粉丝10克，松子仁10克，葱、姜、干淀粉、水淀粉、酱油、白糖、料酒、盐、芝麻油、鸡清汤、花生油各适量

操作步骤

①将鸡宰杀洗净，取鸡脯、腿肉，剔去骨，在肉的一面排剖；肋条肉斩成茸，加酱油、白糖、料酒、盐搅匀；在鸡肉上拍干淀粉，抹上肉馅，用刀排斩，使其粘合，上嵌松子仁。

②锅上火烧热放油，下鸡块煎炸，取出放入垫有竹箅的砂锅内，加入鸡清汤、酱油、白糖、葱、姜，上火焖至酥烂。

③将焖好的鸡块取出放入盘内，原汁上火烧沸用水淀粉勾芡，淋芝麻油，浇在上面，摆上炸好的粉丝装饰即可。

操作要领

不会炸粉丝的话，也可以用别的东西装饰，樱桃和圣女果都是不错的选择。

营养贴士

松子仁味甘性温，具有滋阴润肺、美容抗衰、延年益寿等功效。

视觉享受：★★★★★ 味觉享受：★★★★ 操作难度：★★

拔丝鲜奶

TIME 20分钟

菜品特点
鲜香可口
营养美味

> **主料：** 鲜牛乳500克，淀粉100克
>
> **配料：** 味精5克，精盐10克，白糖250克，面粉500克，发酵粉20克，花生油适量，糖针少许

操作步骤

①把鲜牛乳、白糖、淀粉混合搅匀，倒入锅内，煮沸后转为文火，慢慢翻动，使其呈糊状后铲起放在盘内摊平，冷却后置于冰箱内，使其冷却变硬，取出切块即为奶糕。

②按500克面粉加花生油150克、水350克、精盐10克、发酵粉20克、味精5克的比例同放在盆内拌匀，调成糊状。

③花生油倒入锅内，烧至六成热，奶糕蘸糊逐个放入油锅，炸至金黄色捞起备用。

④锅烧热，注入适量花生油，加水、白糖熬成金黄色，待小油泡变成5~6个整泡时，迅速放入炸好的鲜奶块，立即翻锅搅拌均匀出锅，盛到盘中，撒糖针即成。

操作要领

制作拔丝鲜奶时熬糖最关键，必须掌握适度的火候，把糖熬好，否则不会见糖丝。

营养贴士

除膳食纤维外，牛乳含有人体所需要的全部营养物质，是唯一的全营养食物，其营养价值之高，是其他食物无法比拟的。

> **主料：** 鸡肉300克
>
> **配料：** 鸡蛋液、面包糠、盐、胡椒粉、食用油各适量

操作步骤

①鸡肉切成小块，加入胡椒粉、盐腌10分钟左右。

②将腌好的鸡肉放入蛋液里蘸一下，然后裹上面包糠。

③锅烧热放油，放入鸡块，小火炸至金黄色，出锅即可。

操作要领

鸡肉比较嫩，因此炸时用小火炸制3分钟就行了。

营养贴士

鸡的肉质细嫩，滋味鲜美，适合多种烹调方法，并富有营养，有滋补养身的作用。

视觉享受：★★★★ 味觉享受：★★★★ 操作难度：★

酥炸鸡块

TIME 20分钟

菜品特点
外酥里嫩
鲜香可口

清蒸豆腐丸子

视觉享受：★★★★
味觉享受：★★★
操作难度：★★

菜品特点
滑嫩爽口
营养丰富

 主料： 豆腐200克，肥瘦肉50克

 配料： 马蹄、盐、料酒、味精、糖、姜末、水淀粉各适量

操作步骤

①豆腐洗净捣碎成豆腐泥，马蹄洗净去皮切碎，肥瘦肉切末。

②猪肉末放入碗中，加入盐、糖、味精、料酒搅拌均匀，豆腐泥也放入肉末中，放入马蹄、姜末、盐，加入淀粉搅拌成馅备用。

③豆腐馅挤成丸子，放入蒸锅，大火蒸10分钟取出。

④锅中倒适量水，勾入水淀粉，把水淀粉倒入蒸好的丸子中即可。

操作要领

最好用老豆腐，嫩豆腐水分太多。

营养贴士

豆腐高蛋白，低脂肪，具有降血压、降血脂、降胆固醇的功效。

视觉享受：★★★★　味觉享受：★★★★　操作难度：★★

醉三黄鸡

TIME 1 天以上

菜品特点
口味独特
营养可口

主料： 三黄鸡 1 只

配料： 糟卤汁 30 克，花雕酒 100 克，白酒 20 克，香葱、老姜、八角、丁香、香叶、盐、冰糖各适量

操作步骤

①三黄鸡洗净，去除头、内脏和杂毛；香葱打结，留小部分切花，老姜切片备用。

②大火烧开煮锅中的水，把鸡放入开水中反复氽烫 3 次，然后把三黄鸡放入锅中，关火加盖焖 30 分钟，取出用冷水过凉，沥干水分；取一个煮锅，放入凉水、香叶、八角、丁香、香葱结、老姜片、盐、冰糖搅拌均匀，大火烧开，然后关火晾至凉透。

③在煮锅中加入糟卤汁、花雕酒、白酒调成醉鸡卤汁备用。煮好的三黄鸡放凉后斩成长 5 厘米、宽 3 厘米的块。把斩好的三黄鸡块放入一个有盖的深容器，倒入醉鸡卤汁，让卤汁没过所有鸡块，加盖密封放置 24 小时，取出装盘用撒上葱花，葱丝和胡萝卜丝点缀即可上桌。

操作要领

鸡肉最好连脖子全部斩掉，因为脖子没经过仔细处理，不卫生。

营养贴士

鸡的肉质细嫩，滋味鲜美，并富有营养，有滋补养身的作用。

主料： 猪排骨肉 400 克

配料： 鸡蛋 1 个，精盐、干淀粉、湿淀粉、花生油各适量

操作步骤

①将排骨洗净，放沸水中焯去血水，捞出吸干水分，切块备用；鸡蛋打到碗里，搅拌均匀。

②碗中放入排骨块，加入精盐、湿淀粉拌匀，再放鸡蛋液调匀，然后拍上干淀粉。

③炒锅倒油烧至七成热，放入排骨炸至金黄色，捞出沥去油，装盘即可。

操作要领

吃的时候可以搭配一碟由蒜茸、辣椒末、糖醋汁调匀的调料蘸食。

营养贴士

排骨具有滋阴壮阳、益精补血的功效。

视觉享受：★★★★　味觉享受：★★★★　操作难度：★

酥炸 排骨

TIME 20 分钟

菜品特点
皮酥肉嫩
操作简单

桂花莲子羹

TIME 3小时

视觉享受：★★★★★
味觉享受：★★★★★
操作难度：★

菜品特点
调中散寒
补心益脾

> **主料**：莲子60克
> **配料**：糖桂花2克，白糖、樱桃丁适量

操作步骤

①莲子用开水泡胀，浸60分钟后，剥衣去心。

②将莲肉倒入锅内，加清水适量，小火慢炖约2小时，至莲子酥烂、汤糊成羹，加白糖、糖桂花、樱桃丁，再炖5分钟即可。

操作要领

莲子一定要去心，不然很苦。

营养贴士

莲子中所含的棉子糖，是老少皆宜的滋补品，对于久病、产后或老年体虚者，更是常用营养佳品。

视觉享受：★★★★ 味觉享受：★★★★ 操作难度：★★

锅鳎鱼盒

TIME 45 分钟

菜品特点
酸细鲜嫩
软滑滋润

- **主料：** 偏口鱼肉 200 克
- **配料：** 猪肉泥 100 克，葱末、姜末共 8 克，干淀粉 30 克，鸡蛋黄 3 个，清汤 75 克，红椒丁、绍酒、精盐、芝麻油、花生油各适量

操作步骤

①猪肉泥加精盐、芝麻油搅成馅；偏口鱼肉洗净，片成长、宽各 2.5 厘米的片；在两片鱼肉片中间夹上肉馅，制成盒形；鸡蛋黄加干淀粉搅匀成蛋黄糊，备用。

②炒锅内加入花生油，中火烧至五成热时，将鱼盒沾匀蛋黄糊下锅，煎至两面呈金黄色时，倒出控净油。

③炒锅加花生油中火烧至五六成热时，用葱、姜末爆锅，加入绍酒煮一小会儿，再加入清汤、少许精盐，将鱼盒倒入锅内以旺火烧开，再用小火煨至嫩熟，汁稠浓将尽时，撒上葱末、红椒丁，淋上芝麻油，推入盘内即成。

操作要领

切鱼片时厚度也要掌握好，不可太厚。

营养贴士

偏口鱼肉质细嫩，味道鲜美，且小刺少，尤其适宜老年人和儿童食用。

- **主料：** 汤圆 150 克，酒酿 200 克
- **配料：** 细砂糖 50 克，桂花酱适量

操作步骤

①锅中加 3 碗水煮开，加入酒酿，至汤汁再次滚沸时，加入汤圆。

②煮至汤圆浮起，加糖煮融后熄火即成，食用时加点桂花酱即可。

操作要领

食用时加桂花酱是为了提味。

营养贴士

此汤圆具有健脾胃、促进血液循环、增强御寒能力的功效。

视觉享受：★★★★ 味觉享受：★★★★ 操作难度：★★

酒酿汤圆

TIME 20 分钟

菜品特点
软糯可口
甜而不腻

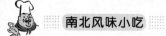

焦香糯米藕饼

TIME 30分钟

菜品特点
里嫩外酥
糯香四溢

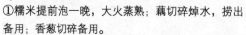

- **主料**：糯米、藕各适量
- **配料**：香葱、盐、糖、十三香、香油、植物油各适量

操作步骤

①糯米提前泡一晚，大火蒸熟；藕切碎焯水，捞出备用；香葱切碎备用。

②把糯米饭、藕、葱放入容器，加盐、糖、十三香、香油拌匀后捏成比较紧实的小圆饼。

③锅中放底油，中小火把圆饼煎至两面金黄即可。

操作要领

糯米和藕的比例为2:1。

营养贴士

老年人常吃藕，可以调中开胃、益血补髓、安神健脑，具有延年益寿的功效。

视觉享受：★★★★　味觉享受：★★★　操作难度：★★

煎蒸藕盒

TIME 30分钟

菜品特点
口味独特
营养丰富

⊃ **主料：** 面粉、莲藕、猪里脊肉各适量

⊃ **配料：** 鸡蛋、五香粉、苏打粉、葱花、姜末、盐、鸡精、料酒、生抽、高汤、水淀粉、辣椒油、香菜段、植物油各适量

操作步骤

①面粉中加鸡蛋、盐、五香粉、苏打粉、水拌成面糊糊；里脊肉剁成肉泥，放在碗内，加葱花、姜末、盐、鸡精、料酒、生抽，向一个方向搅拌上劲成肉馅备用。

②莲藕切约1厘米左右的片，从中间切一刀，不要断，成藕夹；将肉馅一点点塞进藕夹，轻压一下，然后依次做好全部藕盒。

③锅中倒植物油烧至五成热，将做好的藕盒挂上面糊，放入锅中炸成双面金黄即可捞起，用吸油纸吸下油，盛出放在准备好的蒸锅里蒸至外皮发软取出摆盘。

④锅烧热，放高汤、辣椒油搅拌，用水淀粉勾薄欠淋在藕盒上，撒上香菜段即可。

操作要领

不喜欢吃香菜可以不放。

营养贴士

藕能清热生津，凉血止血，散瘀血。

⊃ **主料：** 老鸭1800克

⊃ **配料：** 酸萝卜900克，老姜1块，枸杞若干，腐竹适量

操作步骤

①将老鸭取出内脏后洗净，切块；酸萝卜清水冲洗后切片，老姜拍烂待用。

②将鸭块倒入干锅中翻炒，待水汽收住即可（不用另外加油）。

③水烧开后倒入炒好的鸭块、酸萝卜、腐竹，加入备好的老姜、枸杞，一起中小火熬制2小时左右即可。

操作要领

鸭块不宜太大，以入口方便为宜。

营养贴士

鸭肉有滋补、养胃、补肾、除劳热骨蒸、消水肿、止热痢、止咳化痰等作用。

视觉享受：★★★★　味觉享受：★★★★★　操作难度：★★

老鸭汤

TIME 2.5小时

菜品特点
皮糯肉耙
酸香爽口

坛子肉

视觉享受：★★★★★
味觉享受：★★★★
操作难度：★★

菜品特点
造型美观
口味咸鲜

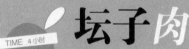

● **主料：** 带皮五花肉一块

● **配料：** 冰糖15克，肉桂5克，葱、姜各10克，酱油100克

操作步骤

①将肉块洗净，在皮上切十字花刀（不要太深），入沸水锅中焯5分钟捞出，用清水冲洗干净。

②葱切成4厘米长的段，姜切成大片，用麻绳捆好。

③把肉块放入瓷坛子中，加冰糖、肉桂、葱、姜、酱油及清水1000克，以浸过肉块为度，用盘子盖严坛子口，置中火上烧开5分钟，改微火煨炖约3小

时，至汤浓肉烂撒上葱花即可。

操作要领

煨炖时要用微火，坛口要盖严。

营养贴士

猪肉具有补虚强身、滋阴润燥、丰肌泽肤的作用。

视觉享受：★★★★★ 味觉享受：★★★★★ 操作难度：★★

滚龙丝瓜

TIME 12分钟

菜品特点
鲜甜滑爽

主料： 丝瓜 500 克，蘑菇 100 克

配料： 花生油 70 克，精盐、味精、香油、水淀粉各适量

操作步骤

①选大拇指粗的细丝瓜，刮净外皮，洗净切成 6 厘米长的段，剞兰花刀形；蘑菇洗净待用。

②炒锅上火，加花生油烧至六成热时，下入丝瓜滑油后，即捞出控净油；热锅留余油少许，加入蘑菇片煸炒一下，加清水烧开，投入丝瓜，加精盐、味精烧至入味后，将丝瓜、蘑菇捞出，装入汤盘内，锅内卤汁用水淀粉勾上香汤，做成薄芡，倒入香油，淋在丝瓜上面即成。

操作要领

丝瓜滑油时，要控制好火候。

营养贴士

此菜具有通乳止咳、养颜美容、清热解毒的食疗效果。

主料： 面粉 500 克，牛肉末 350 克

配料： 葱末 100 克，酱油 35 克，精盐 8 克，花椒水 10 克，植物油 150 克，姜末、黄酱、芝麻油、料酒、胡椒粉、酵母各适量

操作步骤

①取 400 克面粉用开水烫熟，散发热气，另外 100 克面粉用冷水调和成面团，然后将两种面团加酵母混合揉匀，盖上湿布醒一会儿待用。

②牛肉末加入酱油、精盐、黄酱、料酒、胡椒粉搅拌均匀，然后加入花椒水，搅打至嫩滑，加入姜末、葱末、芝麻油拌匀。

③面团搓条下剂，擀成 8 厘米的长圆皮坯，放入馅料，封口。

④饼铛预热，上面淋少许植物油，将锅贴摆放好，淋少量水盖上锅盖，烙 5 分钟左右，铛底水分全部挥发后，将锅贴底部烙至金黄色、焦香即可出铛。

操作要领

烙锅贴时，饼铛温度不能过高。

营养贴士

寒冬食牛肉可暖胃，牛肉是该季节的补益佳品。

视觉享受：★★★★ 味觉享受：★★★★ 操作难度：★★★

锅贴

TIME 30分钟

菜品特点
焦黄酥脆
皮质鲜软嫩

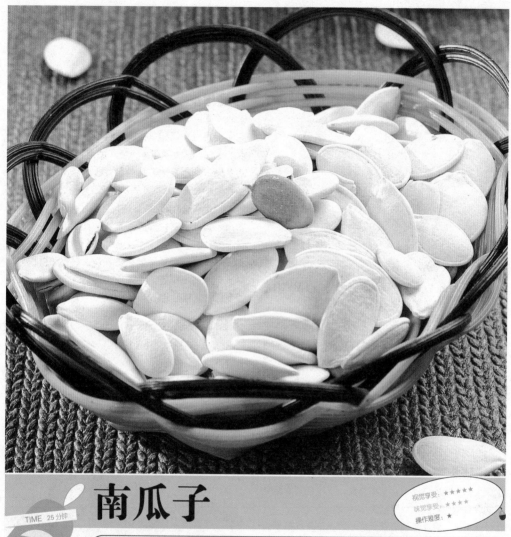

南瓜子

TIME 25分钟

菜品特点
香脆可口

➡ 主料： 南瓜子 500 克

➡ 配料： 细盐 75 克，白砂 150 克

操作步骤

①先将生南瓜子漂洗干净，沥干水分，按瓜子的重量加入 10% ~ 15% 的细盐，充分拌和均匀，待盐自然融化后放在日光下晒干。

②将干净的白砂放在铁锅里先炒热（瓜子与白砂比例为 3:1 左右），然后将瓜子倒入，开始用较旺炉火炒拌，直到锅里瓜子出现"噼"声时，改用文火炒拌，等到瓜子肉呈淡黄色时，立即起锅，筛去白砂，把瓜子摊开冷却，装容器即可。

操作要领

一定要沥干水分了再炒，不然不脆。

营养贴士

本小吃可用于驱蛔虫麻痹绦虫后段、抗血吸虫。

80

视觉享受：★★★★　味觉享受：★★★★★　操作难度：★★★

鸡丝卷

TIME 20分钟

菜品特点
葱香浓郁
绵软利口

⊃ 主料： 精面粉 450 克，酵面 70 克，熟火腿 100 克

☞ 配料： 白芝麻 50 克，手撕鸡肉 80 克，葱 100 克，食用碱 6 克，芝麻油 25 克，精盐、植物油各适量

🥄 操作步骤

①葱和熟火腿分别切成长条，与手撕鸡肉一起拌匀。
②盆内加面粉、酵面，用 50 度的温水及食用碱和匀制成酵面。
③案板上撒一层面粉，放上面团揉透，擀成长方形面皮，上面抹一层芝麻油，然后撒上精盐，放上拌匀的手撕鸡肉、葱丝、胡萝卜丝，卷起，切段，滚上白芝麻。
④锅倒植物油烧热，放入鸡丝卷，小火炸至焦黄酥脆后，摆盘即可。

🔥 操作要领

切段的刀要锋利，否则面团易相互粘连。

👉 营养贴士

火腿肉性温，味甘、咸，可健脾开胃。

⊃ 主料： 面粉 500 克

☞ 配料： 盐 25 克，香葱末 100 克，菜籽油约 150 克，味精少许

🥄 操作步骤

①将盐放水中溶化，加少许味精，倒入面粉中，加香葱末拌匀成糊状。
②锅置火上烧热，加少许菜籽油滑一下锅，待油开始冒烟时，倒入面糊，用锅铲将糊摊开，厚为 3 ~ 4 毫米，煎烤至表面起泡后，翻面后再煎烤一小会儿，出锅卷成卷，切段摆盘即可。

🔥 操作要领

麦糊烧煎烤后，食时可涂抹上奶油、辣酱或西红柿酱等佐料，其味尤佳。

👉 营养贴士

面粉里富含碳水化合物、膳食纤维、蛋白质、烟酸和钙、镁、铁、钾、磷、钠等矿物质。

视觉享受：★★★★　味觉享受：★★★★　操作难度：★★★

麦糊烧

TIME 20分钟

菜品特点
酥嫩可口
清香松软

鸳鸯马蹄

视觉享受：★★★★★
味觉享受：★★★★
操作难度：★★★

TIME 25分钟

菜品特点
造型美观
口味独特

▶ **主料：** 马蹄 200 克，虾仁 300 克，肥膘肉 75 克，鸡蛋清 50 克

▶ **配料：** 味精、盐各 5 克，湿淀粉（玉米）10 克，猪油（炼制）15 克，胡萝卜丁、菠萝丁各少许

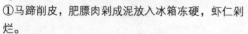

操作步骤

①马蹄削皮，肥膘肉剁成泥放入冰箱冻硬，虾仁剁烂。

②盆里放盐、味精，加虾仁拌匀，往一个方向搅动，加入冻肥肉，再拌匀，稍冻一下成虾馅。

③取出虾馅，捏成球形，用手蘸少许蛋清抹平虾馅不光滑的地方，放在马蹄上摆好放在盘中，入笼蒸 6 分钟，端出来，滗出汤汁。

④炒锅内放油烧热，倒入汤，加入调味，将打散的

蛋清、湿淀粉混合芡淋在马蹄上，撒上胡萝卜丁和菠萝丁即可。

操作要领

用虾馅捏成球形时，形状要比马蹄小。

营养贴士

马蹄中含的磷是根茎蔬菜中最高的，能促进人体生长发育和维持生理功能，对牙齿骨骼的发育有很大好处。

主料：新鲜芝麻适量
配料：白砂糖、糯米、饴糖、食用油各适量

操作步骤

①将选好的新鲜芝麻浸泡在净水中，以芝麻充分吸水膨胀为度。然后淘去泥沙，捞起晒干，再放入锅中用火焙炒，待芝麻炒至色泽不黄不焦、颗颗起爆时停止；经过冷却，用手轻轻搓动，使皮脱落，并用簸箕簸去皮屑。

②将饴糖和白砂糖倒入锅中，先用中火加热煮沸，并不断搅动，当糖浆煮沸后，改用文火，熬至糖浆液面升或小泡欲穿时，可用拌铲挑出糖浆，加以观察，能拉成丝，经冷却后折断时有脆声，即可停火。

③边向锅中倒芝麻边搅拌，力求迅速搅拌均匀，然后将拌和的芝麻糖坯一起从锅中舀入擦好油的盆内。

④将芝麻糖坯稍微冷却后，移至平滑的操作台上，经拔白、扯泡，用手做成截面像梳子形的椭圆形糖条。

⑤将糖条趁热切成厚度均匀的长条后，经冷却成形即可。

操作要领

在熬制饴糖和白糖时，要时刻注意防止焦糊。

营养贴士

芝麻中的亚油酸有调节胆固醇的作用。

榴莲酥饼

TIME 45分钟

菜品特点
味道独特
操作简单

主料：低筋面粉200克，榴莲馅100克
配料：砂糖、蛋黄液、白芝麻各少许，黄油、花生油各适量

操作步骤

①取一部分低筋面粉加入黄油、花生油和成油面，醒15分钟，擀成面皮；取剩余的低筋面粉加入砂糖、黄油、花生油、水和成水油面，面醒15分钟，擀成面皮；用水油皮包上油皮，擀成大片；一头卷起，卷成卷后切成小块。

②将小面团用手按扁，包入榴莲馅，入烤盘，上边刷上蛋黄液撒上白芝麻，放入烤箱，调到180度烤20分钟即可。

操作要领

和油面的时候，黄油和花生油的比例是2:1。

营养贴士

榴莲有促进肠蠕动的功效。

芝麻糖

TIME 100分钟

菜品特点
酸酸爽口
营养丰富

炸虾排

TIME 20分钟

菜品特点
酥脆可口
操作简单

🔴 **主料：** 中虾 750 克，干淀粉 50 克，鸡蛋清 100 克
🔴 **配料：** 精盐、黄酒、葱姜汁、面包糠、猪油各适量

🍴 操作步骤

①中虾挤去头部外壳留尾，用黄酒、精盐、葱姜汁腌 10 分钟，制成虾排生坯；鸡蛋清加干淀粉打成蛋泡糊。

②炒锅置旺火上，放入猪油，烧至五成热，将虾排打蛋泡糊，下油锅炸至挺身捞出。

③待油温升到六成热时，再下入虾排重炸一次，捞出沥油，挂上面包糠放在盘中即可。

 操作要领

打蛋泡糊时，蛋清和干淀粉的比例为 2:1。

🍖 营养贴士

蛋清润肺利咽、清热解毒，适宜咽痛音哑、目赤、热毒肿痛者食用。

香菇生煎包

TIME 30 分钟

菜品特点
肉香四溢

主料： 小麦面粉 300 克，猪肉 50 克

配料： 香菇 30 克，酵母 3 克，盐 7 克，酱油、料酒各 5 克，白糖 10 克，植物油适量

操作步骤

①猪肉洗净，剁成肉馅，加入盐、白糖、料酒、酱油调味；香菇泡发，切碎，放入肉馅内；在面粉中加水、酵母、白糖、盐混合揉成面团，静置发酵后排气滚圆，搓成条状，切分成小剂子，按扁，擀成面皮，填入馅料，包成包子状。

②平底锅底刷一层植物油，包子褶子朝上排入锅中煎一会儿后倒入小半碗水；盖上锅盖中小火焖熟后开盖将水分收干，煎至底部金黄即可。

操作要领

建议馅儿不要放过多，以免馅露。

营养贴士

猪大排有滋阴润燥、益精补血的功效。

主料： 肥猪肉 200 克，鸡蛋 30 克，淀粉 25 克

配料： 面粉 10 克，糖针少许，香油 25 克，白糖 100 克，花生油 500 克

操作步骤

①猪肉剁馅，放入盆内，加入鸡蛋、淀粉、面粉拌匀，捏成团状。

②锅置火上，放花生油，烧热，放入肉团，炸至金黄色捞出。

③锅置火上，放入香油烧热，加入白糖，用微火熬到起泡，可以拉丝时，将炸好的肉团放入，迅速搅一下，即盛盘中，待稍凉，撒上糖针即可。

操作要领

也可以直接买已经绞好的肉馅回来用。

营养贴士

此菜富含蛋白质、脂肪、维生素 B_2、维生素 B_1 和钙、磷、铁等多种营养素，是妊娠贫血患者的保健菜肴。

玻璃肉

TIME 20 分钟

菜品特点
外皮光亮
酥脆可口

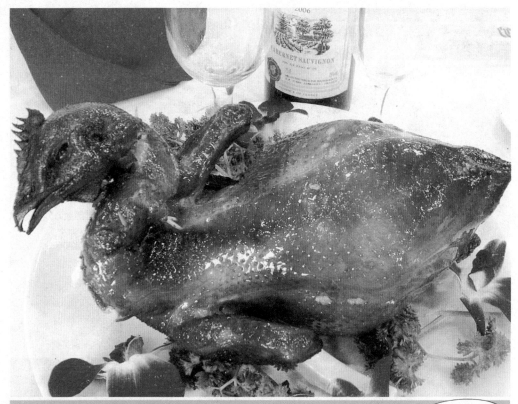

德州扒鸡

视觉享受：★★★★
味觉享受：★★★★
操作难度：★★★★

TIME 40 分钟

菜品特点
色泽红润
皮亮肉嫩

● 主料：鸡 1 只（1000 克左右）
● 配料：口蘑 5 克，生姜 5 克，酱油 150 克，精盐 25 克，花生油 100 克，五香药料 5 克（丁香、砂仁、草果、白芷、大茴香组成），饴糖适量

操作步骤

①活鸡宰杀褪毛，取出内脏，用清水洗净，将鸡的左翅自脖下刀口插入，使翅尖由嘴内侧伸出，别在鸡背上，同样的方法将鸡的右翅也别在鸡背上，再把腿骨用刀背轻轻砸断并交叉起，将两爪塞入鸡腹内，晾干水分。

②饴糖加清水调匀抹在鸡身上；炒锅烧热加花生油至八成热，将鸡入油炸至金黄色捞出，沥干油。

③锅内加清水（以淹没鸡为宜），把炸好的鸡放入锅，加五香药料（用布包扎好）、生姜、精盐、口蘑、酱油，

旺火烧沸，撇去浮沫，移微火上焖煮 30 分钟，至鸡酥烂时捞出，捞鸡时注意保持鸡皮不破，整鸡不碎。

操作要领

鸡身要抹匀饴糖液，炸时至金黄色为佳，这样成品才会光亮红润。

营养贴士

鸡肉有益五脏、补虚亏、健脾胃、强筋骨、活血脉、调月经和止白带等功效。

视觉享受：★★★★★ 味觉享受：★★★★★ 操作难度：★★

咸鸡乌冬面

TIME 20分钟

菜品特点
口味咸鲜

主料： 乌冬面250克，盐焗鸡腿1个

配料： 油菜20克，盐、鸡精各5克，食用油适量

🥢 操作步骤

①鸡腿切成块；油菜洗净。

②锅里倒些油，30秒钟后放大半锅的水；水烧开后，放入乌冬面，面煮3分钟左右时，放入肉块，放入油菜，最后放盐、鸡精调味，煮约1分钟即可。

🥄 操作要领 ◀◀◀

鸡肉可以根据个人喜好，切成丝或者块均可。

👉 营养贴士

鸡肉含脂肪较低，爱美人士食用时可以不用太多顾虑。

主料： 乌冬面200克，叉烧肉50克

配料： 油菜20克，葱花5克，盐、鸡精各5克，食用油各适量

🥢 操作步骤

①叉烧肉切成片；油菜洗净。

②锅里放油，烧片刻放入适量的水；水煮开后，放入乌冬面，面煮熟后，放入叉烧肉；放入油菜、葱花；放盐、鸡精调味，煮熟即可。

🥄 操作要领 ◀◀◀

锅中放的水要适量，不可太少。

👉 营养贴士

叉烧肉热量较高，不适宜肥胖、血脂较高者食用。

视觉享受：★★★★★ 味觉享受：★★★★★ 操作难度：★★

叉烧乌冬面

TIME 10分钟

菜品特点
口味咸鲜

茄饼

视觉享受：★★★★
味觉享受：★★★
操作难度：★★

菜品特点
面皮酥黄
茄肉细嫩

● 主料：茄子500克
● 配料：鸡蛋2个，面粉、食用油各适量

操作步骤

①将茄子洗净，切成圆形的厚片（1厘米）。
②鸡蛋打散，加入面粉调成糊，茄子放入面糊中裹匀。
③锅中倒油烧温热，将茄片逐个放入油锅中小火慢慢煎至两面金黄即可。

操作要领

用长茄子做茄饼更好。

营养贴士

茄子富含的维生素E可抗衰老，也可提高毛细血管抵抗力，防止出血。

南北风味小吃

华中风味

吃在华中

华中地区主要指的是湖北和湖南两地，湖北地区饮食以水产为主，注重火功，菜肴以汁浓、口重、味醇，具有朴实的民间特色。湖北风味主要由武汉、荆沙以及黄州三个地方的特色菜品组成。湖南菜主要由洞庭湖区、湘江流域以及湘西山区三大地区的特色菜品组成，其中湘江流域风味又以湘潭、衡阳和长沙为中心，具有制作精良、用料广泛、品种繁多、油重色浓的特点。

湖北较为著名的风味有清蒸武昌鱼、瓦罐煨鸡、热干面、东坡饼、面窝、三鲜豆皮等，同时湖北的小吃点心品种多，风味独特。

湖南菜又叫湘菜，是我国八大菜系之一，其风味的最大特点就是"辣"和"腊"。洞庭湖区擅长烹制河鲜和家禽，咸辣软香；湘西山区擅长山珍野味，酸辣咸香，以各种腌肉和烟熏腊肉著名，具有浓厚的山乡风味。

谈及湘菜，人们往往想到的就是辣，其实这并不完整，辣通行于中国西南地区，但是各个地方的辣又不全然相同，四川是麻辣，贵州是香辣，云南是鲜辣，而湖南则是酸辣。湖南的酸，不同于醋酸，它醇厚柔和、酸而不酷，和辣相结合，形成了独特的风味。

特色小吃

1. 热干面

地位

热干面属于汉族面食，是武汉特色风味小吃。它和北京炸酱面、山东伊府面、山西刀削面、四川担担面共称为中国五大面食，是武汉当地十分具有特色的早点小吃。

特点

热干面的面团纤细而筋道，色泽油润泛黄，味道鲜美，拌上香油、芝麻酱和五香酱菜等配料，更是回味无穷。湖北热干面第一属武汉，武汉热干面享誉全国甚至世界。不管是来武汉参会还是旅游，人们都要想方设法一品武汉的名吃——热干面，在外地工作或者学习的武汉本地人回来后第一件事就是来一碗热干面解解馋，可见人们对热干面的喜爱。现在武汉热干面已进入工业化生产，这一名吃即将走向世界。

2. 长沙臭豆腐

特点

　　长沙臭豆腐和其他地方的臭豆腐不同，长沙人称臭干子。不管是颜色还是气味，长沙的臭豆腐都可谓是像极了这三个字，黑乎乎的颜色，怪异的气味。不过千万不要被这些表象吓到，尝过以后，一定会对这一印象有所改观。

　　长沙臭豆腐色泽焦黄、外焦里嫩、香辣鲜美。焦脆但不煳，细嫩但不腻，开始闻时臭气扑鼻，细细闻来香气诱人，既有白豆腐的新鲜爽口，又有油炸臭豆腐的松脆芳香。

火宫殿臭豆腐

　　油炸臭豆腐闻着臭吃着香，是中国小吃一绝。臭豆腐全国各地都有，但是湖南长沙火宫殿的臭豆腐却更有名气。这儿的臭豆腐，用文火炸焦，扎孔灌辣椒油，吃起来辣味十足，臭味浓郁，很受赞赏，因此，火宫殿的臭豆腐声名远扬，传遍大江南北。

3. 口味虾

特色

口味虾又叫麻辣小龙虾、长沙口味虾、十三香小龙虾，甚至简称为麻小，从湘江流域、湘西山区和洞庭湖地区的地方菜发展而来，色泽红亮、口味鲜浓香辣。

历史渊源

口味虾的主料最早产自北美洲，1918 年从美国引入日本，1929 年又由日本引入中国，放养在中国南方的河湖池沼中。改革开放以后，随着湖南人向全国推广湘菜，口味虾一时风靡，很多明星来湖南做节目的时候都忘不了吃口味虾，这种红亮而香辣的小吃传到北京、上海等地，连那些不怎么喜欢吃辣椒的人都为之疯狂。

习俗

长沙人对口味虾的喜爱只能用"疯狂"二字形容，口味虾自从 20 世纪 90 年代在长沙南门口出现后就一直受到嘴刁的长沙人的喜欢，虽然口味虾的店面环境不是很好，有的甚至就在马路边上，但是大到名牌主持、影视名人，小到普通百姓，都抵挡不住口味虾的诱惑。

夏天是吃口味虾的好时节，当夜幕降临，长沙的街头巷尾每桌食客都在与桌上的口味虾针锋相对，一个个辣得满头大汗、眼泪汪汪，依然乐此不疲、充满斗志。

百鸟朝凤

视觉享受：★★★★★
味觉享受：★★★★
操作难度：★

TIME 60 分钟

菜品特点
营养全面
诱人食欲

> 主料：嫩鸡一只（约重 1250 克），猪肉 200 克，馄饨皮若干
> 配料：火腿 1 块，葱花、葱结、姜、绍酒、味精、精盐、熟鸡油、芝麻油各适量

操作步骤

①鸡处理干净切块，姜、火腿切片；猪肉剁碎。

②取砂锅一只，用小竹架垫底，放入葱结、姜、火腿，加适量清水，在旺火上烧沸，放入鸡和绍酒，再沸时移至小火上炖。

③猪肉碎加精盐、绍酒、味精，搅拌至有黏液，再加入芝麻油搅拌成馅；混沌皮包入馅料，制成馄饨煮熟。

④待鸡炖至酥熟，取出姜片、葱结、火腿皮和蒸架，

除去浮沫，放入精盐 6 克，味精 4 克，将馄饨围放在鸡的周围，置火上烧沸，淋上鸡油，撒上葱花即成。

操作要领

如果是宴客的话，建议把馄饨换成"鸟"形的饺子，这样寓意更明显。

 营养贴士

鸡的肉质细嫩、滋味鲜美、富有营养，有滋补养身的作用。

视觉享受：★★★ 味觉享受：★★★★ 操作难度：★★

粉蒸鸡翅

TIME 60 分钟

菜品特点
肉嫩味美
香辣可口

主料： 翅中、蒸粉肉各适量
配料： 料酒、盐、鸡精、胡椒粉、酱油、辣椒面各适量

操作步骤

①翅中加入盐、鸡精、料酒、酱油、胡椒粉腌30分钟入味。
②将腌好的翅中裹满蒸肉粉，撒上胡椒粉、辣椒面，码放在盘内。
③蒸锅中倒水烧开，将翅中放入蒸锅内蒸20分钟出锅即可。

操作要领

给翅中裹蒸肉粉时，要均匀。

营养贴士

鸡翅有温中益气，补精添髓，强腰健胃的功效。

主料： 水发莲子适量
配料： 红枣、桂圆、枸杞、冰糖各适量，菠萝罐头1瓶

操作步骤

①水发莲子洗净去芯，用蒸锅蒸熟；桂圆剥壳；红枣洗净切成两半；菠萝罐头里的菠萝肉用筷子夹出来，和水发莲子、桂圆、红枣、枸杞放在一个碗里。
②锅里放水，熬化冰糖，到汤汁浓郁，有黏稠的感觉时，冲进步骤①的碗里即可。

操作要领

做好后放在冰箱里冰镇后再吃，味道更鲜美。

营养贴士

莲子具有补脾、益肺、养心、益肾和固肠的功效。

视觉享受：★★★★★ 味觉享受：★★★★ 操作难度：★

冰糖蜜枣湘莲

TIME 40 分钟

菜品特点
汤汁浓稠
颜色丰富

 冰糖**什锦**

TIME 15分钟

视觉享受：★★★★★
味觉享受：★★★★
操作难度：★

菜品特点
营养丰富
香甜可口

● **主料**：梨、菠萝、黄桃各适量
● **配料**：圣女果、水发莲子、百合、水发银耳、冰糖各适量

 操作步骤

①梨、菠萝、黄桃削皮洗净切成小块；圣女果对半切开；百合洗净。
②锅倒水，放入所有的材料一起煮至沸腾，待汤汁黏稠时盛出装在碗里即可。

 **操作要领** ◀◀◀

可以根据自己的喜好更换水果。

☞ **营养贴士**

梨肉有生津、润燥、清热、化痰等功效，适用于热病伤津烦渴、热咳、痰热惊狂、噎膈、口渴失音、眼赤肿痛、消化不良等症。

视觉享受：★★★★ 味觉享受：★★★★ 操作难度：★★

茶络花生米

TIME 30分钟

菜品特点
酥烂香甜
营养丰富

主料：花生米适量

配料：黄芩、冰糖各适量

操作步骤

①花生米用开水泡胀，挤去皮，洗净后放入开水，上笼蒸烂取出。

②黄芩切成小片用碗装上，放入开水，上笼蒸溶化后过罗筛。

③在一干净锅内放入清水，下入冰糖烧开熔化，过罗筛，锅洗净，倒入糖水，将花生米滗去水分，和黄芩汁一起倒入，烧开后撇去泡沫，装入汤盅即可。

操作要领

过罗筛，就是用罗将所需东西在混合物中分离出来。

营养贴士

花生米可降低胆固醇，延缓人体衰老，预防肿瘤。

主料：羊肉、龟肉各100克

配料：党参、枸杞子、制附片各10克，当归、姜片各6克，冰糖、葱结、料酒、精盐、味精、熟猪油各适量

操作步骤

①将龟肉用沸水烫一下，刮去表面黑膜，剔去脚爪洗净；羊肉刮洗干净；党参、枸杞、制附片、当归用水洗净。

②将龟肉、羊肉随冷水下锅，煮开2分钟，去掉腥味捞出，再用清水洗净，然后均匀切成方块。

③锅置旺火上，放入熟猪油，烧至六成热时，下龟肉、羊肉煸炒，烹入料酒，继续煸炒干水分，然后放入砂锅，再放入冰糖、党参、制附片、当归、葱结、姜片，加清水先用旺火烧开，再移至小火炖到九成烂时，放入枸杞子，继续炖10分钟左右离火，去掉姜片、葱结、当归，放入味精、精盐调味即成。

操作要领

清水要一次加足，大火烧开，小火慢炖，中途不可续水。

营养贴士

龟肉尤其是龟背的裙边部分，富含胶质蛋白，有很好的滋阴效果。

视觉享受：★★★★ 味觉享受：★★★★★ 操作难度：★★

龟羊汤

TIME 30分钟

菜品特点
肉嫩汤鲜
营养全面

湖南米粉

TIME 15分钟

视觉享受：★★★★
味觉享受：★★★★★
操作难度：★

菜品特点
米粉可口
汤汁浓郁

- **主料**：湖南米粉适量
- **配料**：肉丝、榨菜、盐、味精、酱油、干椒粉、辣椒面、杂骨汤、熟猪油、葱花各适量

操作步骤

①肉丝、榨菜炒香，加杂骨汤，焖熟待用。

②取碗放入盐、味精、酱油、干椒粉、杂骨汤、熟猪油、葱花。

③锅烧开水，下入米粉，烫熟，捞出放入步骤②的碗中，浇榨菜、肉丝，撒上葱花、辣椒面即成。

操作要领

喜欢香菜，也可以撒上香菜。

营养贴士

猪骨汤性寒凉，能壮腰膝、益力气、补虚弱、强筋骨。

视觉享受：★★★★★ 味觉享受：★★★ 操作难度：★★

炸佛手卷

TIME 20 分钟

菜品特点
外酥里嫩
鲜香嫩口

主料： 鲜猪肉（肥三瘦七的新鲜猪肉）200 克

配料： 鸡蛋 1 个，鸡蛋皮 1 张，料酒、酱油、精盐、味精、姜末、葱末、香油、湿淀粉、植物油各适量

操作步骤

①肉切碎，放盆中加入鸡蛋、湿淀粉、料酒、精盐、酱油、味精、葱末、姜末、香油搅拌均匀成肉馅。

②将鸡蛋皮铺平，切成长条，将肉馅顺着长条抹在蛋皮的一边，然后向前卷拢，封口处抹上用湿淀粉勾芡的糊，用刀稍按平，再切成佛手形，全部切完后摆盘中上笼蒸 5 分钟取出。

③锅倒植物油烧至七成热时，将佛手卷下锅炸成柿黄色时捞出，装在盘内即可。

操作要领

鸡蛋皮要切宽一点，5 厘米左右最合适，太窄了肉馅容易流出来。

营养贴士

鸡蛋蛋白质的氨基酸比例很适合人体生理需要、易为机体吸收，利用率高达 98% 以上。

主料： 山药 2 根

配料： 白糖、花生油各适量

操作步骤

①山药去皮，擦干水分，切成长条。

②热锅放油烧热，放入切好的山药条炸至四面金黄捞出摆放在盘内，撒上白糖即可。

操作要领

炸的时候，注意不要粘锅。

营养贴士

山药可用于脾虚食少，久泻不止，肺虚喘咳，肾虚遗精，带下，尿频，虚热消渴等症。

视觉享受：★★★★ 味觉享受：★★★★ 操作难度：★

炸山药

TIME 10 分钟

菜品特点
香甜酥脆
营养丰富

荷兰粉

TIME 30分钟

视觉享受：★★★★★
味觉享受：★★★★★
操作难度：★★

菜品特点
麻辣爽口
营养丰富

▶ **主料：** 蚕豆粉 500 克

▶ **配料：** 味精、精盐各 2 克，高汤 500 克，萝卜干、麻酱、豆瓣酱各适量

操作步骤

①蚕豆粉用水调成稀糊，下入沸水中搅成羹状，倒在瓦钵里，冷却凝固后，切成骨牌状粉片；萝卜干切丁。

②锅放高汤，下粉片用旺火烧开，盛入浅盆内，加麻酱、豆瓣酱、味精、精盐、萝卜干搅拌均匀即可。

操作要领

觉得做粉片麻烦的话，也可以直接从超市买干粉片。

营养贴士

麻酱富含蛋白质，脂肪及多种维生素和矿物质，有很高的保健价值。

视觉享受：★★★★★ 味觉享受：★★★★★ 操作难度：★★

鸡蛋球

TIME 30 分钟

菜品特点
松软细腻
香甜可口

➡ **主料：** 精面粉 500 克，鸡蛋 15 个
🔄 **配料：** 绵白糖 650 克，饴糖 200 克，苏打粉 7.5 克，熟猪油 10 克，菜籽油适量

操作步骤

①炒锅内加清水烧沸，放入面粉和熟猪油，边煮边搅拌，熟后离火，晾至 80 度，磕入鸡蛋，加入苏打粉揉匀。

②炒锅加菜籽油，烧至三成热，将揉好的鸡蛋面用左手抓捏，使面团从手的虎口处挤出呈圆球状（直径约 26.5 毫米），再用右手逐个刮入锅内，炸至全部浮起后，提高油温炸透，待蛋球外壳黄硬时，用漏勺捞出沥油。

③炒锅内加清水烧沸，加入饴糖、绵白糖 150 克，推动手锅使之溶化，离火稍冷却，将鸡蛋球逐个入锅挂满糖汁，再在绵白糖碗内裹上白糖即可。

操作要领

鸡蛋球刚入锅炸制时，动作要迅速，油温要低。

营养贴士

本品具有滋阴润燥、养心安神、养血安胎、延年益寿、健脾厚肠、除热止渴的功效。

➡ **主料：** 红枣、莲子、橘瓣各适量
🔄 **配料：** 白糖 150 克，猪油 50 克

操作步骤

①红枣洗净，截去两头，用捅枣棒将枣核捅出，再把红枣放入 50 度的温水中，浸泡 30 分钟，捞出后用刀在枣的中间横切一刀，但不要切断。

②将初步加工过的莲子装入碗中，加入适量清水和猪油，上笼蒸熟，取出沥去水分，逐个塞入红枣内。

③取净碗一个，将碗的内壁抹上猪油，将步骤②里的红枣莲子整齐地竖直排列在碗内，与碗口排平，将 1/3 的白糖撒在红枣上，用一张麻纸将碗盖住，上笼蒸 15 分钟，取出揭掉麻纸，扣在圆盘的中心处，橘瓣排放在红枣周围。

④将蒸红枣的汁沥入炒锅内，放中火上，加白糖、猪油炒成汁，待汁浓发亮时起锅，浇在红袍莲子上即可。

操作要领

红枣千万不要切断，不然就包不住莲子了。

营养贴士

红枣能促进白细胞的生成，降低血清胆固醇，提高血清白蛋白，保护肝脏。

视觉享受：★★★★★ 味觉享受：★★★★★ 操作难度：★★

红袍莲子

TIME 60 分钟

菜品特点
工艺细致
浓甜适口

龙头酥

视觉享受：★★★★
味觉享受：★★★★
操作难度：★★

菜品特点
松泡酥脆
色泽金黄

> **主料：** 面粉 500 克
> **配料：** 白糖 100 克，鸡蛋 3 个，苏打粉 5 克，酵母、菜籽油适量

 操作步骤

①将鸡蛋磕入盆内搅散，加入白糖、苏打粉和清水 150 克，再倒入面粉、酵母和匀揉成光滑的面团，搓成条，擀成约 1.15 厘米厚的面皮，用刀切成约 14 厘米长、4 厘米宽的小片，小片对折，在折口处用刀按 5 毫米的距离均匀地切 3 条长 30 毫米的口子，再将皮子打开，将一端从中间切口处翻花扯抻，用手心略压，即成龙头酥坯。

②锅内倒油烧至六成热，将龙头酥坯 5 个一批入锅翻炸，炸至两面金黄色时，捞出沥去油即成。

 操作要领

油炸时油温不宜过高，以免外焦里不熟。

营养贴士

面粉富含蛋白质、碳水化合物、维生素和钙、铁、磷、钾、镁等矿物质，有养心益肾、健脾厚肠、除热止渴的功效。

视觉享受：★★★★★　味觉享受：★★★★★　操作难度：★

春饼

TIME 15分钟

菜品特点
制作简单
柔韧筋道

主料： 面粉 300 克
配料： 植物油适量

操作步骤

①面粉加水和成光滑的面团，盖上保鲜膜静置 30 分钟，将面团揉成长条，切成小剂按扁，每一面刷涂一层油，2 张摞在一起，擀薄擀大。
②将 10 张饼一起放入蒸锅大火蒸 10 分钟，稍晾凉后一层层揭开即可。

操作要领

春饼有蒸和烙两种方法，不管哪种方法，抹油时都要均匀，以防两张饼之间有粘连。

营养贴士

根据自己的喜好，选择一些蔬菜和肉类，用春饼卷着吃，不仅营养丰富，而且口感柔韧有嚼劲。

主料： 豆腐 300 克
配料： 红辣椒、干辣椒各 2 个，香葱 1 棵，蒜末 15 克，植物油 40 克，酱油 10 克，豆豉 20 克，精盐、白糖各 5 克，味精 3 克

操作步骤

①豆腐切成四方小块；红辣椒去籽、切丁；葱切花；干辣椒切段。
②炒锅烧热放植物油，放入豆腐块，炸黄捞出备用。
③炒锅留植物油，下入蒜末、红辣椒丁、干辣椒段和豆豉后，倒入炸过的豆腐，加入酱油、白糖、精盐、味精炒匀，出锅撒上葱花即可。

操作要领

豆腐不要炒得时间过长。

营养贴士

此菜具有降压降脂的功效。

视觉享受：★★★★　味觉享受：★★★　操作难度：★★★

湘辣豆腐

TIME 25分钟

菜品特点
香辣可口

双黄蛋皮

TIME 20分钟

菜品特点
细腻清润
味醇香浓

 主料： 鸡蛋2个，咸鸭蛋5个，松花蛋3个

配料： 姜汁10克，食盐、鸡精各3克，面粉适量

 操作步骤

①鸡蛋磕入碗中，加入鸡精、姜汁、食盐、面粉、水打散，取一半蛋糊放入方形不粘锅中，小火摊成薄薄的蛋饼，取出晾凉，共摊2张。

②咸鸭蛋去壳取黄，捏碎；松花蛋去壳，捏碎。

③蛋饼平铺在案板上，先将咸蛋黄放在里侧慢慢卷紧，中途再放松花蛋卷在一起，照此方法制作另一张蛋卷。

④将所有蛋卷放入盘中，待蒸锅水开后放入锅内，

大火蒸2分钟，转小火蒸1分钟，出锅晾凉，食用时切成小段摆盘即可。

 **操作要领**

注意不要选择腌制时间太长的咸鸭蛋，否则蛋黄出油多，不宜制作。

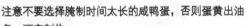 **营养贴士**

此菜具有滋阴润燥、养心安神、益智补脑的功效。

视觉享受：★★★ 味觉享受：★★★★★ 操作难度：★★★

红薯豆沙饼

TIME 20分钟

菜品特点
色泽金黄
质地酥嫩

🔴 **主料：** 红薯 500 克，面粉 100 克

🔵 **配料：** 豆沙糖馅、芝麻油各适量

🍳 操作步骤

①将红薯洗净蒸熟，去皮，压碎成泥，加入面粉揉匀后搓条，揪剂子，按成圆皮，包入豆沙糖馅，再按成直径约 6 厘米的红薯饼。

②锅置旺火上，加芝麻油烧至六成热，放入红薯饼，炸至金黄色时捞出即成。

🍴 操作要领

炸制红薯饼时要用旺火，并不断翻动。

👉 营养贴士

饮食中最具有抗癌作用的营养物质是 β－胡萝卜素（维生素 A 前体）、维生素 C 和叶酸，而在红薯中三者含量都比较丰富。

🔴 **主料：** 面粉 250 克

🔵 **配料：** 猪肉 70 克，胡萝卜 1 根，鸡蛋液适量，青灯笼椒 1 个，小葱末 20 克，味精 1 克，盐 3 克，胡椒粉 2 克，酱油 10 克，熟猪油 25 克，食用碱少许

🍳 操作步骤

①面粉放碗内，加入鸡蛋液、食用碱和清水拌匀，擀成薄面皮，切成小面皮，捏成蝴蝶形。

②猪肉去筋洗净切丁，青灯笼椒、胡萝卜切丝。

③锅内加熟猪油烧热，放入小葱末、肉丝、胡萝卜丝煸炒，加酱油，炒熟，面片在沸水中煮熟后控水加入锅中，和青灯笼椒丝一起翻炒，炒熟后撒盐、味精、胡椒粉，盛盘即可。

🍴 操作要领

面皮要沸水下锅，烧沸后加少量冷水煮至熟透。

👉 营养贴士

蝴蝶面能提高免疫力，其中含有的蛋白质是维持免疫机能最重要的营养素，为构成白血球和抗体的主要成分。

视觉享受：★★★★ 味觉享受：★★★★ 操作难度：★

炒蝴蝶面

TIME 20分钟

菜品特点
硬柔兼备
滋味鲜美

小巷炸葱卷

酥脆可口
营养丰富

视觉享受：★★★★★
味觉享受：★★★★
操作难度：★★★

➡ **主料：** 猪精肉（肥瘦）100克，小麦面粉15克，鸡蛋清90克，葱白50克
➡ **配料：** 精盐2克，味精1克，料酒3克，淀粉（玉米）40克，姜末4克，色拉油100克，香油5克，酱油15克，高汤1碗

🥄 操作步骤

①将猪肉剁成细馅加点高汤搅匀，放入精盐、酱油、味精、料酒、姜末、香油、一半鸡蛋清调匀。
②选一样粗细的葱白，切成4厘米长的段，再顺着用刀划一道口，将葱一层一层地剥下来，每段剥两层，把肉馅抹入葱白段内，裹上面粉。
③将剩余鸡蛋清放在汤碗内，用筷子打成糊加淀粉搅拌均匀。

④锅内放入色拉油，烧至三四成热时，把葱段沾满蛋泡糊放入油内炸透捞出，摆在盘内即成。

🥄 操作要领

这道菜只有用葱白才做得出特色。

☞ 营养贴士

本小吃可健脾开胃，适合营养不良者食用。

视觉享受：★★★★ 味觉享受：★★★★ 操作难度：★

玫瑰汤圆

TIME 60分钟

菜品特点
香甜爽口
健康美味

主料：糯米粉、面粉各适量

配料：干玫瑰花、色拉油、白糖、熟芝麻各适量

🥢 操作步骤

①将干玫瑰用手捻碎，用少许热水泡一下，将芝麻擀碎，放入玫瑰花碎中，加3大勺白糖、1勺面粉、1勺色拉油，拌成干一点的馅。

②将糯米粉用开水烫，边烫边用筷子搅，水不要多干爽一些，不烫手时加入色拉油揉成面团。

③下小剂揉成小圆球，做成窝形，包上玫瑰馅，揉圆成汤圆生坯，放沸水中煮至汤圆漂起关火，撒白糖即可。

🔥 操作要领

也可用新鲜的玫瑰花瓣制作，但一定要洗干净，防止有虫。

👉 营养贴士

玫瑰花味辛、甘，性微温，具有理气解郁、化湿和中、活血散瘀等功效。

主料：小米500克，面粉400克，酵面100克

配料：绵白糖300克，鸡蛋2个，食用碱5克

🥢 操作步骤

①将小米淘洗干净，用清水浸泡4~8小时，取出冲两遍，沥去水分，再加水磨成细滑的浆，倒入盆内。

②酵面捏碎，放水、面粉拌匀，倒入米浆内，拌匀静醒，约醒至八成时，磕入鸡蛋，加入食用碱、绵白糖搅动起筋。

③笼内铺块湿纱布，倒入浆料，入笼蒸约20分钟即熟，取出，翻扣在案板上，揭去纱布，切成块即成。

🔥 操作要领

粉浆加入鸡蛋后要朝一个方向搅拌起劲。

👉 营养贴士

发糕营养丰富，尤其适合老年人、儿童食用。

视觉享受：★★★★★ 味觉享受：★★★★ 操作难度：★★

米面发糕

TIME 30分钟

菜品特点
色泽淡黄
松软甜糯

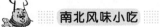

如意白菜卷

视觉享受：★★★★
味觉享受：★★★★
操作难度：★★

TIME 15分钟

菜品特点
造型美观
口味独特

主料： 鲜白菜叶100克，猪肉200克，鸡蛋2个

配料： 水淀粉、葱末、姜末、香油、盐、花椒面、味精各适量

操作步骤

①将猪肉剁成馅，加盐、花椒面、葱末、姜末、味精、水淀粉、香油搅匀和成馅；白菜叶烫软，捞出投凉，沥干。

②将鸡蛋磕入碗内，加少许水淀粉调成糊。

③将白菜叶铺在案板上，抹上一层鸡蛋糊，再将肉馅抹在白菜叶上，卷成圆柱形，共卷2卷，上屉蒸熟取出，晾凉，切成长5厘米的卷。

④锅放火上，加适量的水，加少许盐、味精，汤开时用水淀粉勾芡，淋香油，浇在白菜卷上即可。

操作要领

白菜叶一定要选用新鲜的。

营养贴士

很少食用乳制品的人可以通过食用足量的大白菜来获得更多的钙。

视觉享受：★★★★ 味觉享受：★★★★ 操作难度：★★

鸳鸯饺

TIME 30 分钟

菜品特点
色彩鲜艳
造型美观

- **主料：** 面粉 250 克，猪肉 150 克
- **配料：** 白糖 10 克，鸡蛋 2 个，韭菜末 25 克，葱花、姜末各 10 克，胡萝卜 1 根，香菇 40 克，酱油 15 克，味精、精盐、胡椒粉各 1 克，芝麻油 20 克

操作步骤

①将猪肉洗净剁茸入盆，加精盐、酱油、姜末、清水拌匀上劲，再加入味精、胡椒粉、白糖、葱花、芝麻油拌匀成馅。

②鸡蛋磕入碗内，搅成蛋液，在微火炒锅上摊成蛋皮，切成细末；香菇切末；胡萝卜切末。

③盆内加面粉用沸水烫熟，揉匀，搓条下剂，擀成直径约 6 厘米的圆皮，挑入肉馅从当中一捏，两边推捻花纹捏拢，在两边空洞里分别放入萝卜末、韭菜末、鸡蛋末和香菇末，入笼置旺火沸水锅上，上笼蒸 15 分钟取出即成。

操作要领

摊鸡蛋皮时锅内应加少许油布满锅底，以免焦煳。

营养贴士

猪肉不宜与乌梅、甘草、鲫鱼、虾、鸽肉、田螺、杏仁、驴肉、羊肝、香菜、甲鱼、菱角、荞麦、鹌鹑肉、牛肉同食。

- **主料：** 冬瓜 500 克
- **配料：** 盐、面粉、蛋清、炼乳、植物油各适量

操作步骤

①冬瓜洗净削皮，先切成长 5 厘米、宽 5 厘米、厚 2 厘米的块，再将每一个冬瓜块平均片成 5 片，注意不要切断，底下留 2 厘米连在一起。

②给每一片冬瓜都抹上少许盐，入味；淀粉放在盆里，加水、蛋清搅拌成糊。

③锅倒入植物油烧至五成热，将冬瓜的每一片都均匀地裹上面糊后，放在油锅里炸熟装盘，蘸上炼乳食用即可。

操作要领

冬瓜切片时一定不要切断，不然就做不成佛手的形状了。

营养贴士

冬瓜性寒味甘，可清热生津、解暑除烦，在夏日服食尤为适宜。

视觉享受：★★★★★ 味觉享受：★★★★ 操作难度：★★

佛手冬瓜

TIME 20 分钟

菜品特点
外酥里嫩
造型别致

TIME 20分钟

菜品特点
外酥里嫩
美味爽口

香炸豆腐丸子

视觉享受：★★★★★
味觉享受：★★★★
操作难度：★★

🔽 **主料：** 豆腐400克，瘦肉200克

👆 **配料：** 胡萝卜、鸡蛋清、盐、葱、姜、嫩肉豆粉、蚝油、料酒、胡椒粉、植物油各适量

🔄 操作步骤

①瘦肉、胡萝卜洗净剁碎；葱、姜切末；豆腐放清水内浸泡一会儿再用汤勺压成泥，挤干水分备用。

②将所有主料、配料加入碗肉，用筷子朝一个方向搅拌上劲静置一会儿。

③锅内加植物油烧至五成热，用手挤出丸子，下入油锅小火炸至金黄，捞出沥油摆盘即可。

✏️ 操作要领

最好选用嫩豆腐。

👉 营养贴士

豆腐主治宽中益气，可调和脾胃、消除胀满、通大肠浊气、清热散血。

110

视觉享受：★★★★ 味觉享受：★★★★ 操作难度：★

樱桃羹

TIME 10分钟

菜品特点
颜色鲜艳
香甜可口

➡ **主料：** 樱桃若干

➡ **配料：** 食用红色素少许，藕粉、冰糖各适量

🍳 操作步骤

①将樱桃用清水泡洗，去掉核和蒂，切丁备用。

②将樱桃用清水透几次，入锅加冰糖，用小火煮至耙软，加入少许食用红色素和藕粉，煮沸2分钟，起锅即成。

🔥 操作要领

藕粉不用放太多，以入锅煮沸后糖能牵丝为佳。

👉 营养贴士

樱桃全身皆可入药，鲜果具有发汗、益气、祛风、透疹的功效。

➡ **主料：** 排骨500克，小米适量

➡ **配料：** 生菜叶若干片，白糖2克，姜6克，料酒、生抽各5克，八角1个，花椒、淀粉各少许，郫县豆瓣适量

🍳 操作步骤

①小米提前浸泡1小时以上；排骨剁块用温水洗净后在凉水中浸泡30分钟，以逼出血水。

②将排骨捞出沥干水分后，加料酒、郫县豆瓣、白糖、生抽、八角、花椒和姜、少量淀粉腌30分钟。

③小米浸泡好后，滤出，与腌好的排骨混合拌匀，使其裹在表面。

④取一只大碗将生菜叶垫在碗底，再放上处理好的排骨，入蒸锅，中火，上汽后再蒸2小时至排骨软熟，取出装盘即可。

🔥 操作要领

因为这道菜中排骨不焯水，所以一定要用凉水浸泡，否则带有血水，会有腥味。

👉 营养贴士

猪排骨可提供人体生理活动必需的优质蛋白质、脂肪，尤其是丰富的钙质可维护骨骼健康。

视觉享受：★★★★ 味觉享受：★★★★ 操作难度：★★★

湘竹小米排骨

TIME 120分钟

菜品特点
口感独特
营养丰富

香炸土豆盒

TIME 25分钟

视觉享受：★★★★
味觉享受：★★★★★
操作难度：★★★

菜品特点
香酥可口
美味诱人

🔘 **主料**：土豆2个，猪肉馅300克

🔘 **配料**：小麦面粉、料酒、酱油、盐、胡椒粉、姜粉、葱末、淀粉、鸡蛋、玉米油各适量

操作步骤

①猪肉馅加料酒、酱油、少许清水搅拌至稍微黏稠状，加入盐、胡椒粉、姜粉、葱末拌匀。

②土豆去皮洗净，按照一刀断一刀连的方法切成片，在相连的土豆片中间塞入肉馅。

③用面粉、淀粉、鸡蛋、少许盐和清水调成面糊，再将土豆肉夹放进面糊里裹满面糊。

④锅中放足量玉米油，烧至五成热时放入土豆盒，炸至金黄色即可。

操作要领

土豆夹切薄一点，更易炸熟。

营养贴士

此菜有美容、抗衰老、软化血管、安神、健脑、护肤的功效。

南北 风味小吃

华南风味

吃在华南

　　谈及华南地区的饮食，首先想到的便是广东菜和福建菜，它们占据了中国八大菜系之二，分别具有自己独特的优点。广东菜在汇集各地民间风味的同时还吸取了各大菜系的精华，借鉴西方食谱，融会贯通，自成一家。广东菜长于煎、炸、煲、扣，讲究火候，选料精细，技艺精良，所做菜注重色、香、味、形的结合，口味上以清淡鲜嫩为主。广东菜品种多样，和菜品相关的点心近千款，小吃数百种。常见的广东小吃有干炒牛河、云吞面、老婆饼、水晶虾饺等。

　　闽菜注重刀工的巧妙运用，将艺术性和趣味性相融合，剞花如荔、切丝似发、片薄若纸，外形美观而充满意趣。同时闽菜还讲究汤菜的原汁原味，所用原料大多是海鲜。在调味方面喜欢甜酸，注重清淡，善于用糖和醋，并且以酸而不涩、

甜而不腻、淡而不薄著名。在烹调方法方面，闽菜擅长煨、焖、蒸、氽，选料精细，泡发得当，一些经典风味有"佛跳墙""艇仔粥""荷叶粉蒸肉"等。

除了粤菜和闽菜，广西和海南也具备自己的特色，广西人以米饭为主食，由于是壮族自治区，此地拥有很多民族特色小吃，口感细腻，样式多种，吸引了无数游客。壮族人喜食糯米糍和无色糯米饭，爱喝打油茶，独特的味道往往令人难以忘怀。海南凭借得天独厚的自然资源优势，盛产多种罕见的山珍海味。海南的山珍海味以鲜活清淡和原汁原味为特色，鱼类味道鲜美，肉质嫩滑，燕窝滋补养人，蛇、龟美味可口，共同成就了海南名吃。

特色小吃

1. 云吞面

历史渊源

据考据，云吞面最早在清末民初，广州的西关一带出现，相传是同治年间从湖南传入。初期多数是由小贩肩挑着四处贩卖。馄饨也叫云吞，起初是用于祭祀的。直到宋代，每逢冬至，市镇店肆停业，各家包馄饨祭祖，祭毕全家长幼分食祭品馄饨。富贵人家一盘祭祀馄饨，有十多种馅，谓之"百味馄饨"。南宋后，馄饨传入市肆，后来传到省城广州。云吞面分为大用、小用，因为粤语谐音，逐渐变成大蓉、小蓉。

食法讲究

吃云吞面也有讲究，不要以为几颗馄饨一把面加点汤就叫云吞面。正牌的云吞面需要"三讲"：一讲面。地道的面要从面粉加鸭蛋做起，而且最讲究的是应该一点水都不用，正宗云吞面完全靠鸭蛋。这样做出来的面煮出来带点韧度，吃到嘴里非常爽脆。 二讲云吞。关键在于里面的馅，用新鲜的虾球、三分肥七分瘦的猪肉混合而成，正是如此，一口咬下"卜卜脆"（粤语，意思为：弹牙有嚼劲）。 三讲汤。正宗做法是用大地鱼和河虾子（或者柴鱼虾壳）熬出来的汤，既要有鲜味又要清甜，加味精是大忌。

2. 竹筒饭

做法

竹筒饭是用山兰稻春的香米和肉类作为原料，放到新鲜的粉竹或者山竹锯出的竹筒中，加入适量的水，用香蕉叶堵住竹筒口，用炭火将绿竹烤焦就可以了。竹筒饭的煮法有点像野炊的风格，砍下一节竹子，放进适量的水和山兰米，放在火堆上烤，竹筒的表面烧焦时，就是饭熟的时候。将竹筒劈开，米饭被竹膜包裹着，又香又软，既有香竹的清香，又有米饭的芬芳。在用餐时破开竹筒取食，这就是著名的竹筒香饭。如果将瘦猪肉和一些盐混在香糯米中放进竹筒烤，便成为招待贵宾的珍美食品。

地位

竹筒饭是傣族特色小吃，是具有深厚文化底蕴的生态绿色食品，也是一种珍贵的民族文化遗产，具有非常广阔的发展前景。做大米饭的方法一般地区除了焖就是蒸，但是在云南傣族、景颇族等少数民族中流行的一种用竹筒做饭的方法却十分特别。

3. 扁肉

历史渊源

　　扁肉其实就是馄饨。西汉扬雄所作《方言》中提到"饼谓之饨"，馄饨是饼的一种，差别为其中夹肉馅，经蒸煮后食用；若以汤水煮熟，则称"汤饼"。古代中国人认为这是一种密封的包子，没有七窍，所以称为"浑沌"，依据中国造字的规则，后来才称为"馄饨"。在这时候，馄饨与水饺并无区别。千百年来水饺并无明显改变，但馄饨却在南方发扬光大，有了独立的风格。至唐朝起，正式区分了馄饨与水饺的称呼。

由来

　　我国许多地方有冬至吃馄饨的风俗。南宋时，当时临安（今杭州）也有每逢冬至这一天吃馄饨的风俗。宋朝人周密说，临安人在冬至吃馄饨是为了祭祀祖先。只是到了南宋，我国才开始盛行冬至食馄饨祭祖的风俗。

炒米粉

视觉享受：★★★
味觉享受：★★★★
操作难度：★

TIME 20分钟

菜品特点
口味丰富
营养全面

- **主料**：米粉适量
- **配料**：猪肉20克，香菇4朵，豆芽、胡萝卜、酱油、胡椒粉、香油、葱、盐、植物油各适量

操作步骤

①米粉泡软；豆芽洗净；香菇、猪肉、胡萝卜、葱洗净切丝备用。

②锅倒植物油烧热，放香菇爆香，加入猪肉丝、豆芽、胡萝卜丝及酱油、胡椒粉、香油一起拌炒，再加少量水继续煮开。

③将泡好的米粉放入汤汁中拌炒，使其均匀上色，约10分钟后加葱丝改小火炒至水分收干，加盐调味起锅即可。

操作要领

步骤②里放的水不宜太多，盖过锅里的菜即可。

营养贴士

豆芽富含极易被人体吸收的各种微量元素和生物活性水，可以防止雀斑、黑斑，使皮肤变白。

视觉享受：★★★★★　味觉享受：★★★　操作难度：★★★

纸包牛肉

TIME 20分钟

菜品特点
香酥可口
口感独特

> **主料：** 腌牛肉粒（用边角料即可）200 克
>
> **配料：** 土芹菜粒 50 克，葱姜水 20 克，糯米纸 10 张，面包糠 100 克，鸡蛋液 50 克，盐 5 克，鸡精、胡椒粉各 2 克，色拉油、香菜各适量

操作步骤

①将腌好的牛肉粒加入芹菜粒，放入葱姜水、盐、胡椒粉、鸡精调匀成肉馅。

②取糯米纸，将牛肉馅放入纸上，摊开，折起来成饼，然后拖鸡蛋液，拍上面包糠，放入五成热的油锅中小火炸 1 分钟左右（锅内一次不能多放，一般放 4 个糯米纸包即可，否则容易炸碎）至金黄色，捞出控油后码放在盘子里，放上香菜点缀即可。

操作要领

炸时可以将包好的纸包竖起来，光炸带馅的部分，这样既省油，又洁白，吃起来还不腻。

营养贴士

牛肉中的肌氨酸含量比任何其他食品都高，它对增长肌肉、增强力量特别有效。

> **主料：** 去皮猪肥瘦肉 400 克
>
> **配料：** 脆浆225克，精盐、味精、白胡椒粉、黑胡椒粉、芝麻油、干淀粉、花生油各适量

操作步骤

①将猪肉洗净，用绞肉机绞成肉泥，放入盆中，加入精盐，用竹筷搅打至起胶（顺一个方向搅打），放入味精、白胡椒粉、干淀粉、芝麻油拌匀，然后挤成丸子，裹上脆浆。

②炒锅置中火上，烧热后下花生油烧至六成热，放入肉丸子炸至金黄取出码放在盘中，撒上黑胡椒粉即可。

操作要领

家里没有绞肉机的，可以直接买绞好的肉馅。

营养贴士

猪肉具有补虚强身、滋阴润燥、丰肌泽肤的作用。

视觉享受：★★★★★　味觉享受：★★★★　操作难度：★★★

脆炸肉丸

TIME 20分钟

菜品特点
酥脆嫩滑
甘香可口

蛋蓉玉米羹

TIME 20分钟

视觉享受: ★★★★
味觉享受: ★★★★
操作难度: ★★★

菜品特点
色泽金黄
口味甘甜

- **主料:** 小玉米碴100克,鸡蛋2个
- **配料:** 牛奶50克,生粉、白糖各适量

操作步骤

①锅中加清水烧热,倒入玉米碴和牛奶,加入白糖搅拌均匀,煮10分钟左右,用生粉勾薄芡。

②将鸡蛋打成蛋液,淋在锅中成蛋蓉,搅拌均匀。

③所有材料搅拌均匀,倒入碗中即可。

操作要领

一定要先勾芡再倒入蛋液。

营养贴士

玉米富含的亚油酸、钙质,能帮助调脂、降压。

120

视觉享受：★★★★ 味觉享受：★★★ 操作难度：★★

红薯玫瑰饼

TIME 30分钟

菜品特点
外焦里嫩
鲜甜可口

🔹 **主料：** 红薯 500 克，糯米粉 300 克
🔹 **配料：** 玫瑰糖 180 克，花生油 150 克

🌀 操作步骤

①将红薯洗净，蒸熟，去皮压成茸。
②糯米加水和成糯米团后加红薯茸和匀，揉成长条，分成剂子。
③将玫瑰糖放入面剂子中，包成圆球形，再按扁成扁圆形糕坯。
④锅内倒入花生油，烧至六成热，放入糕坯，边炸边翻，炸至糕坯鼓起，色呈淡黄时即可。

🌀 操作要领

因为花生油是炸糕坯用的，宜准备比实际用量多一些。

👉 营养贴士

红薯有补中和血、益气生津、宽肠胃的功效。

🔹 **主料：** 鲜奶、干花胶各适量
🔹 **配料：** 白糖、葡萄干各适量

🌀 操作步骤

①干花胶加清水泡一夜，取出在开水中淖一下至软。
②花胶放入炖锅，倒入牛奶，水开后炖 60 分钟。
③加适量冰糖，焖 20 分钟令冰糖熔化，放入葡萄干点缀即可。

🌀 操作要领

怕腥的话，可以在炖的时候加入姜片，但不能太多，一两片就好。

👉 营养贴士

花胶含有丰富的蛋白质、胶质等，有食疗滋阴、固肾培精、令人迅速消除疲劳的功效。

视觉享受：★★★★★ 味觉享受：★★★★ 操作难度：★

花胶炖鲜奶

TIME 90分钟

菜品特点
营养丰富
操作简单

肉末豆角包

TIME 90分钟

菜品特点
油而不腻
口味独特

视觉享受：★★★★
味觉享受：★★★★★
操作难度：★★

主料：里脊肉适量
配料：豆角、盐、生抽、老抽、食用油、糖、淀粉、面粉、酵母粉、碱面水各适量

操作步骤

①里脊肉切丁，加少许水、生抽、盐拌匀，停20分钟左右加少许淀粉拌匀，再加点儿食用油拌一下；豆角切碎备用。

②炒锅放油，油温热时把肉丁放入翻炒，变色后加少许老抽上色，然后加豆角，加少许水翻炒至熟，然后加盐、糖调味，盛出装在碗里，即成包子馅。

③面粉内加酵母粉、温水和成面团发酵，再加碱面水揉匀，醒20分钟待用，将面团搓成长条，切成小剂子，再将小剂子压成面片，包入包子馅，捏好。

④将捏好的包子放入蒸笼蒸熟即可。

操作要领

步骤①中停20分钟左右是为了让肉充分吸收水分。

营养贴士

豆角性平，有化湿补脾的功效，对脾胃虚弱的人尤其适合。

视觉享受：★★★★ 味觉享受：★★★★ 操作难度：★

炸墨鱼

TIME 20分钟

菜品特点
营养丰富
酥脆爽口

主料： 墨鱼 500 克

配料： 蒜、鸡蛋、面粉、橄榄油、沙拉酱、盐、胡椒粉、面包糠各适量，生菜叶 4 片，黄瓜 1 根

操作步骤

①黄瓜洗净切条，生菜叶洗净切丝，蒜去皮，切碎，用橄榄油炒熟制成蒜蓉。

②除去墨鱼内脏、软骨和墨囊，洗净，然后切成长条，用蒜茸、橄榄油、盐和胡椒粉，腌 10 分钟。

③鸡蛋打散成蛋浆；墨鱼圈沾上面粉、蛋浆及面包糠。

④锅烧热倒橄榄油，将准备好的墨鱼炸至金黄色后出锅摆在盘内，周围挤上沙拉酱，摆上生菜丝和黄瓜条即可。

操作要领

墨鱼一定要处理干净。

营养贴士

墨鱼含有碳水化合物和维生素 A、B 族维生素及钙、磷、铁等人体所必需的物质，是一种高蛋白低脂肪滋补食品。

主料： 鸡蛋 10 个，去皮猪五花肉 150 克

配料： 精盐 1.5 克，面粉 10 克，味精 1 克，湿淀粉 15 克，白肉汤 25 克，葱末、姜末各 5 克，麻油 4 克，花椒末 3 克，熟猪油、绍酒各适量

操作步骤

①将鸡蛋打在碗里，加一点盐搅拌均匀，沿锅边均匀摊在倒有猪油的锅里煎成一张鸡蛋皮，取出晾凉。

②将猪肉剁成细泥，加葱末、姜末、花椒末、绍酒、精盐、味精、湿淀粉、麻油和白肉汤，搅拌成馅。

③将鸡蛋皮摊平，把肉馅放在离皮一端约 6 厘米的地方，摊成长 1.5 厘米、粗 2 厘米的馅条。

④把湿淀粉放入碗内，加入面粉调和，将馅包好，卷成云纹形的如意卷，摁成扁圆形卷。

⑤将猪油倒入炒锅内，置旺火烧到四五成热，下入切好的如意卷片，将两面都炸成金黄色即成。

操作要领

摊鸡蛋皮时要注意火候，不可过大。

营养贴士

鸡蛋蛋白质的氨基酸比例很适合人体生理需要，易为机体吸收。

视觉享受：★★★★ 味觉享受：★★★★ 操作难度：★★

炸如意卷

TIME 60分钟

菜品特点
鲜香适口
风味独特

南瓜饼

TIME 40分钟

菜品特点
造型逼真
软糯香甜

○ **主料：** 南瓜 500 克，糯米粉适量

○ **配料：** 色拉油、枣泥各适量

 操作步骤

①南瓜洗净，去皮去瓤，切薄片，放入蒸锅蒸屉上隔水蒸熟后取出。

②南瓜趁热用锅子碾成南瓜泥，加入糯米粉（加入的糯米粉的量以面团不粘手为宜，不必另外加水）揉搓成团，然后加入一小锅色拉油，揉均匀后盖上保鲜膜放置一旁醒发 15 分钟。

③取鸡蛋大小的面团，搓圆后按扁，包入适量枣泥，收口捏紧轻轻搓搓成南瓜的形状，用刀在上面轻轻划些刀口。

④将准备好的南瓜饼放在蒸锅上蒸 10 分钟即可。

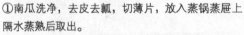 **操作要领**

也可以做豆沙或红豆馅的，步骤一样，只要把枣泥换成豆沙或红豆馅就行了。

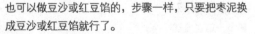 **营养贴士**

南瓜主治久病气虚、脾胃虚弱、化痰排脓、气短倦怠、便溏、糖尿病、蛔虫等病症。

视觉享受：★★★★　味觉享受：★★★★　操作难度：★★

肥肠炖豆腐

TIME 30 分钟

菜品特点

风鲜爽口
营养主菜

⊙ **主料**：北豆腐 250 克，肥肠 250 克
⊙ **配料**：葱、姜、蒜苗、酱油、精盐、料酒、花椒、味精、红油、香油、高汤、猪油各适量

🍳 操作步骤

①将肥肠切成马蹄块，放入沸水锅内焯一下捞出，沥干水分；豆腐切成长为 4 厘米的菱形块，用沸水焯一下；葱、姜切成末；蒜苗切段。
②将锅置于旺火上，放入猪油烧热，用葱末、姜末炝锅。
③锅内放入肥肠块煸炒，添入高汤，加入酱油、精盐、料酒、花椒，再放入豆腐、蒜苗，烧开后转用中火炖15 分钟。
④加入味精、红油，再炖 3 分钟，淋上香油即可。

🍲 操作要领

如果没有高汤可用清水代替。

👉 营养贴士

肥肠有润燥、补虚、止渴止血的功效，可用于治疗虚弱口渴、脱肛、痔疮、便血、便秘等症。

⊙ **主料**：鸭1只，冬虫夏草 10 个
⊙ **配料**：绍酒、姜片、精盐各适量

🍳 操作步骤

①将鸭洗净放入滚开水中，高火炖 8 分钟，取出洗净（怕肥可撕去鸭皮）。
②冬虫夏草用清水洗净，细的一端留用，把粗的插在鸭身和鸭腿上。
③将鸭、绍酒、姜和留用的冬虫夏草放入砂锅内，加入 4 杯滚开水，中火炖 40 分钟。把煮好的虫草老鸭汤放精盐调味并盛出即可食用。

🍲 操作要领

把粗的冬虫夏草插在鸭身和鸭腿上，是为了使冬虫夏草的养分渗入鸭子体内。

👉 营养贴士

冬虫夏草具有补虚损、益精气、止咳化痰、抗癌抗老的功效。

视觉享受：★★★★　味觉享受：★★★★　操作难度：★

虫草炖鸭子

TIME 60 分钟

菜品特点

肉香汤浓
营养丰富

元蘑炖鸡

视觉享受 ★★★★
味觉享受 ★★★★★
操作难度 ★

TIME 3小时

菜品特点
味道鲜美
口感滑嫩

主料: 山鸡1只,元蘑300克

配料: 米醋、盐、酱油、姜、葱、花椒面、香油、清汤、熟猪油各适量,油菜100克

操作步骤

①山鸡洗净,除去内脏,洗去血污,剁成块,装盘,加少许酱油;油菜切条;葱切段,葱段和姜一起去皮拍松。

②元蘑挑净杂质,去除菌根后装盘,加开水浸泡1~2小时,待完全回软后用温水漂洗两遍,再放入冷水浸泡后取出,撇去浮水;将粗长的菌根切成段,厚大的菌伞切成不规则的片。

③炒锅置旺火上烧热,加熟猪油烧至五成热,放入山鸡块煸炒出爆炸声,放少许花椒面翻炒,烹酱油着色,加米醋、盐、葱段、姜块,加入清汤,放入元蘑、

油菜,待汤汁超过主料3.5厘米时为好,烧开后移慢火上炖至汤汁量多少适宜,加香油,取出葱段、姜不要,装汤盘即成。

操作要领

山鸡一定要洗净。

营养贴士

山鸡营养丰富,对儿童营养不良、妇女贫血、产后体虚、子宫下垂和胃痛、神经衰弱、冠心病、肺心病等,都有很好的疗效。

126

视觉享受：★★★★　味觉享受：★★★★★　操作难度：★

明太鱼 豆腐煲

TIME 20分钟

菜品特点
肉嫩汤鲜
口味独特

● **主料：** 明太鱼、豆腐各适量
● **配料：** 姜片、红辣椒、料酒、酱油、蚝油、盐、植物油各适量

操作步骤

①明太鱼洗净切块，入倒有植物油的煎锅煎到略微变黄。
②把鱼入放石锅加料酒、酱油、蚝油，加入姜片、红辣椒、豆腐，再添满水盖上盖，大火炖开锅后，加盐转小火煮10分钟即可。

操作要领

步骤②加豆腐时，豆腐渗出的豆腐水也一并加入。

营养贴士

豆腐主治宽中益气，可调和脾胃、消除胀满、通大肠浊气、清热散血。

● **主料：** 高筋粉200克，低筋粉60克，奶粉20克，牛奶90克
● **配料：** 黄油25克，全蛋液30克，盐、竹炭粉各适量，糖45克，酵母5克

操作步骤

①所有除黄油、鸡蛋液以外的料，以先湿后干的顺序放入面包机，拌成团后加入黄油至扩展阶段；面团发酵至2倍大，用手按压不反弹不回缩，即初次发酵完成；排气后分割成8等份，滚圆，盖保鲜膜醒15分钟。
②醒好的面团用手拍扁后擀开，包入馅料，收口朝下，滚圆，表面刷蛋液，烤箱内放一杯开水，以40度最后发酵至2倍大，一般45分钟左右。烤箱预热180度，放中层烘烤25分钟，取出切片即可。

操作要领

烤制的时候要注意时间，不要烤制太久。

营养贴士

竹炭在天然的环境中，吸收了大量的钾、钠、钙、镁等可溶于水的矿物质（微量元素）。

视觉享受：★★★★　味觉享受：★★★★　操作难度：★

竹炭 面包

TIME 90分钟

菜品特点
松软清香
美味可口

TIME 60分钟

菜品特点
滋养元明
解毒退热

山药桂圆炖甲鱼

视觉享受：★★★★★
味觉享受：★★★★★
操作难度：★

- **主料**：甲鱼1只（约重500克）
- **配料**：山药60克，桂圆50克，香菜适量，盐少许

操作步骤

①先将甲鱼宰杀，去内脏洗净；山药去皮切片；桂圆剥壳。

②甲鱼连甲带肉加适量水，与山药片、桂圆肉清炖，至炖熟，加少许盐调味，放上香菜点缀即可。

操作要领

甲鱼的甲也是十分有营养的，所以煲汤时要留下。

营养贴士

本汤有滋阴潜阳、散结消、补阴虚、清血热的功效，适用于肝硬化、慢性肝炎等症。

扁肉

视觉享受：★★★★ 味觉享受：★★★★ 操作难度：★★★

TIME 30分钟

菜品特点
皮薄馅香
爽口调鲜

> **主料：** 面粉 500 克，猪后腿肉 500 克
> **配料：** 食用碱 15 克，芝麻油 5 克，葱花 10 克，熟猪油 18 克、酱油、精盐、味精、醋、胡椒粉、高汤各适量

操作步骤

①面粉加食用碱、水和成面团，擀成薄皮，再切成 6 厘米见方的片。

②将猪后腿肉用木槌捶烂，加精盐、清水搅匀，再加食用碱、味精搅拌成馅。

③左手执皮坯，右手用小竹片将馅挑入皮中，左手捏住皮馅，右手顺势推向左手掌中即成扁肉。

④锅内加水烧开，放入扁肉，熟透捞出，放到用高汤、酱油、味精、熟猪油、醋调好的味汁中，滴几滴芝麻油，撒上少许葱花、胡椒粉即成。

操作要领

肉馅选用新鲜的猪后腿瘦肉加工，是因为这样的馅料吃水量大，且捶烂后精盐混合更加充分。

营养贴士

猪肉属酸性食物，为保持膳食平衡，烹调时宜适量搭配些豆类或蔬菜等碱性食物，如土豆、萝卜、海带、大白菜、芋头、藕、木耳、豆腐等。

> **主料：** 龟苓膏粉 20 克
> **配料：** 蜂蜜 10 克

操作步骤

①龟苓粉放在碗中，先用少量温水调成糊状，再用沸边冲边搅拌，调成糊状，直至完全溶解。

②倒入模具冷却，凝冻后放冰箱冷藏。

③吃时淋上蜂蜜即可。

操作要领

如在冲入沸水调成糊时仍有结块，可适量加热使其溶解。

营养贴士

龟苓膏能促进新陈代谢，提升人体免疫力，是现代人不可或缺之养生圣品。

龟苓膏

视觉享受：★★★ 味觉享受：★★★★ 操作难度：★★

TIME 10分钟

菜品特点
甜中略苦
口感爽滑

南洋椰子羹

TIME 100 分钟

菜品特点
灵滑可口
造型独特

➡ **主料：** 椰子 1 个，银耳 100 克，牛奶 1 杯

🔄 **配料：** 冰糖适量

 操作步骤

①椰子洗净，在顶端凿一个小洞，倒出椰汁后从蒂部锯开做成椰盅；椰汁与牛奶混合拌成椰奶；银耳加温水泡发，去根。

②椰盅加冰糖上笼蒸 60 分钟后，用勺将椰肉刮成薄片，倒入银耳和椰奶，再用旺火蒸 30 分钟即可。

✍ **操作要领**

在椰子顶端凿洞时，不要太大，也不要太小。太大了里面的汁会流出来，太小了食材放不进去。

🔫 **营养贴士**

银耳味甘、淡，性平、无毒，既能补脾开胃，又能益气清肠、滋阴润肺。

视觉享受：★★★★★ 味觉享受：★★★★ 操作难度：★★★

金瓜米粉

TIME 15分钟

菜品特点
色泽金黄
口感舒适

主料： 南瓜 300 克，干米粉 200 克

配料： 虾米 20 克，红葱酥 15 克，香菜段 3 克，盐 4 克，酱油 5 克，白糖、高汤、色拉油各适量

操作步骤

①南瓜去皮去籽，用刨丝板刨成丝状；虾米用清水泡软，沥干水分备用。

②烧开一锅水，放入色拉油，把干米粉放进去，煮滚 1 分钟，捞出后加盖静置。

③炒锅加色拉油，放入南瓜丝拌炒至熟软且颜色金黄，放入虾米炒香，加红葱酥炒匀，放入清水、高汤、酱油、白糖、盐炒匀，从盆里取出米粉，入锅与配料翻炒均匀，撒上香菜段即可。

操作要领

糖尿病患者若按照该食谱制作菜肴，应将配料中的白糖去掉。

营养贴士

南瓜中含有丰富的微量元素钴和果胶，钴的含量，是其他任何蔬菜都不可相比的，它是胰岛细胞合成胰岛素所必需的微量元素。

主料： 南瓜 1 个，糯米、早稻米各 170 克

配料： 绿豆馅 350 克，发酵米浆少许

操作步骤

①南瓜煮熟，捣泥，和糯米、早稻米一起磨成浆，盛入布袋压干水分；煮南瓜的汤留一碗加白糖倒入碗内。

②干浆掰散，加入发酵米浆，再加入温水揉成黏浆团，静置发酵 60 分钟，每次取一小块浆团按扁，包入绿豆馅，捏紧收口，搓圆，稍按扁，放到铺有净纱布的笼内。

③大锅内加清水烧沸，放上笼蒸约 25 分钟取出放入步骤①的碗内即可。

操作要领

入笼蒸制时要用旺火，取出后要淋沸水，以免糯米丸子粘在布上。

营养贴士

糯米不宜太过饱食，老人、小孩、脾胃虚弱者尤应注意。

视觉享受：★★★★ 味觉享受：★★★★★ 操作难度：★★★

南瓜糯米丸

TIME 30分钟

菜品特点
色泽洁白
外糯里嫩

哈密瓜西米盅

TIME 30分钟

菜品特点
香甜可口
造型别致

视觉享受：★★★★★
味觉享受：★★★★
操作难度：★

主料： 哈密瓜 1/2 个，西米 100 克
配料： 牛奶 30 克，蜂蜜少许

操作步骤

①西米洗净，加水放电饭煲里煮熟，晾凉，倒入牛奶混合均匀。

②用挖球器把哈密瓜果肉挖出，哈密瓜边缘削成花边状，做成瓜盅。

③把挖出的哈密瓜肉放回瓜盅内，在上面倒上西米牛奶，淋上蜂蜜即可。

操作要领

哈密瓜的边缘可根据自己的爱好，作出创意，但是切记，不能削太深。

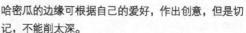

营养贴士

在哈密瓜的鲜瓜肉中，含有丰富的维生素，有利于人的心脏和肝脏工作以及肠道系统的活动，能促进内分泌和造血机能，加强消化过程。

132

云吞面

视觉享受：★★★★　味觉享受：★★★★　操作难度：★★

TIME 20分钟

菜品特点
清新爽口
肉香四溢

⊃ **主料：**龙须面 50 克，馄饨皮若干，猪肉馅 100 克

⊃ **配料：**油麦菜 2 棵，葱末、高汤各适量

🍲 操作步骤

①取一张馄饨皮，包入猪肉馅，制成云吞；油麦菜切一刀，焯熟备用。

②将云吞放入高汤煮 10 分钟，捞起放入汤碗。

③龙须面放入高汤中煮 3 分钟，捞起放进有云吞的汤碗中，放入油麦菜、葱末即可。

操作要领

云吞不要包太多馅料，以免煮的时候云吞爆开。

👉 营养贴士

猪肉具有补虚强身、滋阴润燥、丰肌泽肤的功效。

⊃ **主料：**山兰米、猪瘦肉各适量

⊃ **配料：**精盐、味精、五香粉、老抽、生抽、猪油各适量

🍲 操作步骤

①山兰米洗后，浸泡 30 分钟捞起，加精盐、味精拌匀。

②猪瘦肉切片，用老抽、生抽、五香粉腌一会儿；热锅过猪油，将肉片翻炒至熟，出锅待凉后，切粒。

③取新鲜青竹，每节锯开一端，洗净，抹猪油，装入山兰米、瘦肉粒和清水，用干净布条封口，放蒸笼蒸熟。

④取出蒸好的竹筒饭，解除布条，锯成若干小段，摆放盘中上席即可。

操作要领

米不要装得太满，留 2~3 厘米空余的空间，蒸前摇晃一下，使米与米的间隙大一些。

👉 营养贴士

若把瘦猪肉作为日常膳食结构中主要的食物来源，会增加发生高血脂、动脉粥样硬化等心血管疾病的危险。

竹筒饭

视觉享受：★★★★　味觉享受：★★★★★　操作难度：★★★

TIME 60分钟

菜品特点
鸡肉鲜甜
青竹清香

山楂糯米粥

视觉享受：★★★★
味觉享受：★★★★
操作难度：★

TIME 60分钟

味道香甜
营养保健

主料： 糯米 30 克
配料： 山楂、桂圆肉 10 枚，米酒、姜丝、红糖各适量

操作步骤

①将糯米与山楂肉放入米酒，加盖泡 2 个小时。
②将浸泡好的材料，放入姜丝，加入 250 克米酒，大火烧滚后改小火加盖煮 40 分钟，再加入米酒 150 克，煮开熄火，加适量红糖即可。

操作要领

糯米最好先浸泡一段时间。

营养贴士

此粥具有泻火解毒、促进代谢的功效。

南北风味小吃

★ ★ ★ ★ ★

西南风味

★ ★ ★ ★ ★

吃在西南

西南地区的吃食一直受到川菜影响，川菜作料多、菜路广，以炒、煎、烧、煸和麻、辣、鲜、香著称。这一地区的人在饮食上有以下几大嗜好：一是喜辣，无辣不欢，越辣越香；二是喜酸，有些地方酸菜腌十多年，其酸味不亚于山西的老陈醋；三是喜欢复合味，味道多广厚浓，并独创出陈皮味、鱼香味、家常味等二十多种复合味；四是强调饮食的平民文化，讲求物美价廉，经济实惠，如杂烩和火锅等。

四大菜系中，川菜可谓是其中最便宜最耐吃的菜系，这一特点与西南人的节俭品性息息相关。西南还有"四绝"：云烟、贵酒、川果、藏药。茅台、五粮液、泸州特曲、剑南春、全兴大曲、董酒、习酒位列全国名酒之列；当地少数民族山寨各家酿制的土酒更是有三五百种之多。西南地区更是各种美食的聚集地，重庆和四川的毛肚火锅、樟茶鸭子、麻婆豆腐、宫保鸡丁、河水豆花、家常海参、龙抄手、担担面、叶儿粑、钟水饺、夫妻肺片等，贵州的竹香青鱼、盐酸蒸肉、八宝龙鱼等，云南的酥烤云腿、大理砂锅鱼、油炸竹虫、过桥米线、紫米粑粑等，西藏的火上烧肝、赛蜜羊肉、油松茸、野鸡扣蘑菇、人参果拌酥油大米饭、校果馍馍、酥油茶等，令闻者馋涎欲滴，吃者欲罢不能。

云南的众少数民族，以虫菜、腌酸菜作为代表，以古朴的食风散发出奇光异彩；藏菜经过了喇嘛教教义的熏染，犹如一块未被雕琢的璞玉，散发着古色古香；傣家竹楼菜以西双版纳的自然风情为背景，享誉全国；以"山城火锅"为代表并被数以万计的川妹子带到五湖四海的西南民间菜，如今早已与鲁菜、苏菜、粤菜并肩齐名，成为了长盛不衰的菜品流行潮。

特色小吃

1. 过桥米线

做法

一碗美味的过桥米线要经过四道工序方能成品：一是汤料，其表面要覆盖有一层滚油；二是调料，有油辣椒、精盐、味精、胡椒粉等；三是主料，主料品种多样，选择广泛，可根据口味自行调制，生的猪里脊肉片、鸡脯肉片、过水的猪腰片等都是热门选择，其辅料可以有豌豆尖、韭菜、葱丝、豆腐皮等；四是主食，即经沸水煮软的米线。

分类

云南米线有两种：第一种是"酸浆米线"，就是大米经过发酵后磨粉制成，其生产周期长，工艺复杂。此种米线筋骨好，散发大米的清香，属传统制作。第二种是"干浆米线"，即大米磨粉后直接放入机器中挤压成形，摩擦的热度致使大米熟化成形，将干浆米线晒干后就变成了"干米线"。它的优点是携带方便，容易贮藏，食用时，用沸水煮胀至软即可。

2. 酥油茶

做法

酥油茶的制作有两种方式，一种是将砖茶用水煮好，加入酥油（牦牛牛奶中提炼出的黄油），然后放入一个细长的木桶中，用搅棒用力搅打，使其成为乳浊液；另一种是将酥油和茶放到一个皮袋中，将袋口扎紧，然后用木棒用力敲打。因此酥油茶的配制也叫"打"酥油茶，是一项极为费力的工作，现在也可以用电动搅拌机配制。

营养成分

砖茶内富含鞣酸，可以刺激肠胃蠕动，加快消化，但是单喝时会容易饥饿，因此酥油或牛奶是其最佳搭档。在西藏地区，酥油茶是用来招待客人的佳品。

同时酥油茶具有极高的热量，淳香可口，奶味较浓，能振奋精神，补充体力，可以缓解高原反应。酥油茶对补充体力、缓解高原反应很有效，只要你吃得惯牛羊肉就没什么大问题，如果实在喝不惯咸的就喝点甜茶，也是一样的作用。

炸奶酪球

视觉享受：★★★★
味觉享受：★★★★
操作难度：★★★

TIME 30分钟

菜品特点

外表酥香
里面滑嫩

🔴 **主料：** 奶酪适量
🔴 **配料：** 面粉、面包糠、植物油各适量

🥄 操作步骤

①把奶酪切碎后用手揉成球，捏瓷实点。

②将面粉调成稍微黏稠的面糊，然后把奶酪球用面糊裹住（奶酪不露出来即可），把裹了面糊的奶酪球挂裹上面包糠。

③加热油锅，转小火，放入奶酪球炸至面包糠金黄即可捞出。

📣 操作要领

如果嫌捏成球太麻烦，直接切成条做奶酪条也行。

🍴 营养贴士

奶酪中含有钙、磷、镁、纳等人体必需的矿物质。

视觉享受：★★★★ 味觉享受：★★★★ 操作难度：★

肉末粉丝

TIME 20分钟

菜品特点
细嫩适口
适宜用饭

> **主料：** 粉丝50克，猪肉25克
> **配料：** 植物油15克，酱油8克，葱、姜各5克，精盐2克，味精1克，蒜苗适量

操作步骤
①粉丝用温水泡软；葱、姜切末；猪肉切末；蒜苗切段。
②将植物油烧热，放入肉末、葱末、姜末、蒜苗段煸炒，待水分将干时（姜略显微黄），烹入酱油，放入盐、味精，倒入泡软的粉丝一同翻炒，再加盖煮3分钟，开盖翻炒并大火收汁，出锅装盘即可。

操作要领
粉丝用温水泡是因为粉丝不能泡太烂，不然炒的时候会断掉，不好看。

营养贴士
蒜苗具有祛寒、散肿痛、杀毒气、健脾胃等功能。

> **主料：** 腰果300克
> **配料：** 白糖100克，辣椒粉10克，花椒粉、五香粉各5克，盐3克，味精2克

操作步骤
①腰果放温油锅中炸熟，用漏勺捞出冷却。
②净锅中加入白糖及少量水，熬至黏稠时，加入辣椒粉、花椒粉、五香粉、盐、味精搅拌均匀。
③把腰果倒入锅中，裹上调料，出锅冷却即可。

操作要领
给腰果裹调料时，均匀一些更美味。

营养贴士
腰果含有丰富的油脂，可以润肠通便、润肤美容、延缓衰老。

视觉享受：★★★★ 味觉享受：★★★★ 操作难度：★

怪味腰果

TIME 20分钟

菜品特点
口味独特
营养丰富

肥肠米粉

视觉享受：★★★★
味觉享受：★★★★
操作难度：★★

TIME 20分钟

菜品特点
鲜美味美
微有辣味

● **主料**：肥肠 200 克，鲜米粉（岳池干米粉）500 克

● **配料**：猪骨汤、八角、山奈、丁香、陈皮、生姜片、花椒粒、葱节、郫县豆瓣、料酒、川盐、鸡精、香菜、葱花、红油、味精、花椒粉、熟猪油各适量

 操作步骤

①将肥肠内外洗净，去净油筋，投入沸水锅中焯水至断生，捞起再次洗净。

②锅内放猪骨汤、八角、山奈、丁香、陈皮、生姜片、花椒粒、葱节、肥肠煮耙，将调味料全部过滤起锅，肥肠拣出改刀成片。

③炒锅内放上熟猪油烧热，下郫县豆瓣炒香，再放煮肥肠的原汤，烧沸 3 分钟后，打渣，再放料酒、川盐、鸡精、肥肠烧沸 3 分钟，盛入缸内，置于大锅中的猪骨汤的骨头上（能保温的地方）。

④米粉用清水投洗干净；将川盐、香菜、葱花、红油、味精、花椒粉分别装入器具内待用。

⑤骨汤烧沸后，将米粉抓入竹丝漏子里，放入滚开的汤锅内一放一提，反复 4~6 次将米粉烫热，倒入碗中，添上肥肠（带汤）、川盐、味精等即成。

 **操作要领**

肥肠内外都要清洗干净，不然不卫生。

营养贴士

肥肠十分适宜大肠病变，如痔疮、便血、脱肛者，小便频多者食用。

视觉享受：★★★★ 味觉享受：★★★★ 操作难度：★★

黄果冻

TIME 20分钟

菜品特点
形色美观
甜嫩爽口

> **主料：** 冻粉8克，橘瓣若干
> **配料：** 鸡蛋1个，白糖200克

操作步骤

①将冻粉洗净，浸泡10小时，放入适量清水，入笼蒸化。

②用少许糖水加入蒸化的冻粉内，然后将稀释的冻粉分别装入酒杯内，放上橘瓣，制成黄果冻坯，放入冰箱冷冻。

③白糖200克加入清水750克烧沸，倒入蛋清液，用勺搅动，撇去泡沫，放入冰箱中冷冻。

④冷冻好的果冻扣入盘内，再淋上冰凉的糖水即成。

操作要领

蒸化的冻粉加糖水量的多少，以滴一滴在拇指甲盖上很快粘住不流为准。

营养贴士

鸡蛋性味甘、平，归脾、胃经，可补肺养血、滋阴润燥，用于气血不足、热病烦渴、胎动不安等。

> **主料：** 鸡脯肉200克
> **配料：** 面包糠30克，鸡蛋1个，葱白5克，料酒、酱油各5克，胡椒粉1克，蒜茸10克，干细豆粉50克，精盐少许，植物油70克

操作步骤

①鸡蛋与干细豆粉调成全蛋糊；鸡脯肉切成厚度为0.5厘米的鸡块，用精盐、酱油、料酒、胡椒粉、蒜茸拌匀，腌10分钟。

②将鸡块裹上一层全蛋糊，撒上一层面包糠；葱白切丝备用。

③锅倒植物油，中火烧至五成热，下鸡块炸至皮面金黄酥香，捞出装盘，放上葱丝点缀即成。

操作要领

炸制时油温不宜太高，防止将鸡片炸焦。

营养贴士

鸡的肉质细嫩，滋味鲜美，适合多种烹调方法，并富有营养，有滋补养身的功效。

视觉享受：★★★★ 味觉享受：★★★★ 操作难度：★★

珍珠酥皮鸡

TIME 40分钟

菜品特点
皮酥肉嫩
咸鲜味香

上汤双色墨鱼丸

视觉享受：★★★★★
味觉享受：★★★★
操作难度：★★

TIME 30分钟

菜品特点
色泽艳丽
口感细嫩

主料：墨斗鱼500克，胡萝卜、菠菜各200克

配料：盐、鸡蛋、胡椒粉、料酒、淀粉、鸡精、香油、豆苗各适量

操作步骤

①将胡萝卜、菠菜分别洗净，打成胡萝卜汁和菠菜汁；豆苗洗净切成段。

②墨斗鱼洗净取肉和盐、鸡蛋、胡椒粉、料酒、淀粉一起用搅拌机打成泥。

③将墨鱼泥分成两半，一半加胡萝卜汁打成红色墨鱼泥，另一半加菠菜汁打成绿色墨鱼泥。

④坐锅点火，将双色墨鱼泥氽成双色墨鱼丸，加盐、鸡精、胡椒粉调味装入汤盘中撒上豆苗段淋入香油即可。

操作要领

不喜欢豆苗也可以用香菜。

营养贴士

胡萝卜里含有丰富的胡萝卜素，食用后经肠胃消化分解成维生素A，能防治夜盲症和呼吸道疾病。

视觉享受：★★★★ 味觉享受：★★★ 操作难度：★★

铜井巷素面

TIME 25分钟

菜品特点

爽滑柔韧
咸鲜麻辣

主料： 圆形细面条500克

配料： 青椒、红酱油、芝麻酱、蒜泥、葱花、花椒粉、红油辣椒、味精、香油、醋各适量

操作步骤

①青椒洗净切片，与面条一同放入面锅内煮熟后捞出滗干水分。

②将红油辣椒、芝麻酱、香油、花椒粉、葱花、红酱油、味精、蒜泥、醋兑好拌入面中即可。

操作要领

面条煮制时间不宜过长，以免面条煮烂，汤变浑。

营养贴士

此面具有补中益气、润五脏、补肺气、止心悸、填髓的功效。

主料： 面粉、鸡蛋、绿豆芽、粉条、韭菜各适量

配料： 水淀粉、盐、酵母、植物油各适量

操作步骤

①将绿豆芽掐头去尾洗净；粉条温水浸泡至软捞出切碎；韭菜择洗干净切碎；鸡蛋打散摊成蛋皮切碎；将所有菜碎入油锅中加少许盐略炒，盛出冷却备用。

②面粉加水、酵母和成面团，醒20分钟，擀成薄片，放上炒好的馅料，先卷起一边，再将两边向中间折起，卷向另一边形成长扁圆形的小包，用水淀粉收口，包成春卷。

③锅倒油烧至七成热，转中火将包好的春卷逐一放入，炸至表面呈金黄色捞出，沥油装盘即可。

操作要领

炸的火候要掌握好，不要用大火，以免炸焦。

营养贴士

由于春卷是煎炸食品，其所含油脂量及热量偏高，不宜多食。

视觉享受：★★★★★ 味觉享受：★★★★★ 操作难度：★

三丝春卷

TIME 30分钟

菜品特点

色泽美观
酥脆上口

四川藕丝糕

TIME 30分钟

菜品特点
色泽美观
甜润清香

视觉享受：★★★★
味觉享受：★★★★
操作难度：★★★

主料： 鲜藕500克

配料： 藕粉75克，白糖250克，琼脂、蛋清、芝麻油各适量，食用红色素、白矾水各少许

操作步骤

①将藕洗净去皮，用刀切成细丝，放入白矾水中浸泡，再放入开水中略烫，起锅晾干。

②锅内加清水烧沸，放入白糖，下入蛋清，撇净浮杂，放入琼脂熬化，再放入适量食用红色素，熬成粉红色的糖水。

③藕粉调成稀糊状，倒入糖水中搅稠，倒入藕丝和匀，然后倒入抹有芝麻油的瓷盘内，放入冰箱冷藏。

④凉后用刀切成约4厘米长、2厘米宽的小长方块即成。

操作要领

藕粉用量不能太少，否则难于凝固。

营养贴士

藕可以厚肠胃、固精气、强筋骨、补虚损。

视觉享受：★★★★　味觉享受：★★★★　操作难度：★

夫妻肺片

TIME 60 分钟

菜品特点
色泽红亮
软糯爽脆

> **主料:** 牛肉 100 克，牛舌、牛头皮、牛心各 150 克，牛肚 200 克

> **配料:** 香料包（内装有八角、三奈、大茴香、小茴香、草果、桂皮、丁香、生姜）1 个、盐、红油辣椒、花椒面、芝麻、熟花生米、豆油、味精、芹菜各适量

操作步骤

①将牛肉切成块，与牛杂（牛舌、牛心、牛头皮、牛肚）一起漂洗干净，用香料包、盐、花椒面卤制，先用猛火烧开后转用小火，卤制到肉料粑而不烂，然后捞起晾凉，切成大薄片，备用。

②将芹菜洗净，切成 0.5 厘米长的段；芝麻炒熟和熟花生米一起压成末备用。

③盘中放入切好的牛肉、牛杂，再加入卤汁、豆油、味精、花椒面、红油辣椒、芝麻、花生米和芹菜，拌匀即成。

操作要领

卤煮牛肉、牛杂时，一定要用小火。

营养贴士

此菜具有温补脾胃、补血温经、补肝明目、促进人体生长发育的功效。

> **主料:** 鲤鱼 1 条

> **配料:** 赤小豆 200 克，姜 1 块，大蒜 10 瓣，盐、香菜各适量

操作步骤

①将鲤鱼去鳞、鳃和内脏，洗净，头尾切掉，肉身横切成 3 大块。

②赤小豆用清水泡一小会儿；姜切片；蒜瓣去皮；香菜切段。

③把鱼肉放入汤锅内，加入赤小豆、姜、蒜、盐、清水煮烂，食用的时候盛在碗内，撒上香菜即可。

操作要领

放姜是为了去鱼腥味。

营养贴士

鲤鱼的脂肪多为不饱和脂肪酸，能最大限度地降低胆固醇，可以防治动脉硬化、冠心病。

视觉享受：★★★★　味觉享受：★★★★★　操作难度：★

鲤鱼小豆汤

TIME 60 分钟

菜品特点
清淡香鲜
营养丰富

椒盐粽子

视觉享受：★★★★
味觉享受：★★★★
操作难度：★

菜品特点
滋糯清香
味咸微麻

- **主料**：糯米适量，粽叶若干
- **配料**：川盐、大红花椒各适量

操作步骤

①糯米浸泡24小时，淘洗干净，沥干水分，拌入大红花椒、川盐；粽叶洗净，泡入水中。

②用两张叶重叠1/3折成圆锥形，装入拌好的糯米，封口包成三棱形，用麻绳扎紧，即成椒盐粽子生坯。

③将生坯放入锅中，加足水，盖严锅盖，煮约60分钟即成。

操作要领

生坯用麻绳扎得越紧越好，入锅用中火煮制。

营养贴士

糯米为温补强壮食品，具有补中益气、健脾养胃、止虚汗的功效。

视觉享受：★★★★ 味觉享受：★★★★ 操作难度：★★

糍粑

TIME 60分钟

菜品特点
色泽金黄
香甜可口

> **主料：** 糯米500克
> **配料：** 白糖、食用油各适量

操作步骤

①糯米泡一晚上，沥干蒸熟，不要蒸稀了，不然不容易成形。

②蒸熟的糯米用擀面棍打搋，把糯米搋烂后包白糖，用少许油煎至两面焦黄即可装盘。

操作要领

打搋糯米的时候旁边放盆水，把手弄湿，糯米就不会粘手了。

营养贴士

糍粑里糖分高，加上本身热量高，含有碳水化合物和脂肪，能提高人体免疫力。

> **主料：** 凉粉200克
> **配料：** 黑豆豉50克，豆瓣酱45克，菜油55克，白糖10克，鸡精3克，香油5克，食盐4克，醋30克，生抽20克，花生碎、蒜泥各少许

操作步骤

①凉粉洗净，切成中等大小的块，摆放在盘子中。

②锅烧热放菜油，将豆瓣酱、黑豆豉放入锅中炒香，加入白糖、鸡精调味，盛出晾凉，随后加入醋、食盐、生抽、香油、蒜泥、花生碎拌匀，作为凉粉调料。

③将做好的调料浇在在凉粉上即可。

操作要领

在制作时，也可根据个人口味，选择加入青菜、黄瓜或者香菜等，营养更全面。

营养贴士

夏季吃凉粉消暑解渴，冬季吃凉粉加入辣椒可祛寒。

视觉享受：★★★★ 味觉享受：★★★★★ 操作难度：★★

川北凉粉

TIME 10分钟

菜品特点
细嫩清爽
香辣味浓

宋嫂面

TIME 30 分钟

菜品特点
筋薄光滑
味道鲜美

视觉享受：★★★★★
味觉享受：★★★★★
操作难度：★★

主料：手工细面条 1000 克

配料：水发香菇、冬笋、鲜鲤鱼肉、鸡蛋清、葱、虾仁、生姜、料酒、醋、鲜肉汤、豆瓣酱、冷水、酱油、花椒油、油脂、熟猪油、干淀粉、湿淀粉、鳝鱼骨、盐、味精、胡椒粉各适量

操作步骤

①将鲤鱼宰杀后洗净，去骨、皮后切成指甲片状，放于容器中，加适量精盐、料酒、鸡蛋清、淀粉及冷水调拌均匀；将豆瓣酱剁细，香菇切碎，冬笋切成小块，虾仁横切两半，葱切成葱花。

②将熟猪油烧至六成热，放入鱼片，倒入漏勺内沥去余油。

③将油脂烧热，放入豆瓣酱煸出红油，掺入鲜汤烧沸，捞出豆瓣渣，放入鱼骨、鳝鱼骨、葱花、姜块，煮出香味后，将各种原料捞出。

④再加入虾仁、冬笋、香菇稍煮，加入盐、鱼片、醋，

用湿淀粉勾芡，最后加入花椒油制成臊子。

⑤将酱油、胡椒粉、熟猪油、红辣椒油、味精放碗中，水沸后放入面条，煮熟后捞入碗内，浇上臊子，撒上葱花。

操作要领

煮面条的水要宽，不要煮过，以柔韧滑爽为宜。

营养贴士

鲤鱼的脂肪多为不饱和脂肪酸，能很好地降低胆固醇，可以防治动脉硬化、冠心病。

视觉享受：★★★ 味觉享受：★★★★ 操作难度：★★★

包罗万象

TIME 20 分钟

菜品特点
色白松软
馅心甜香

主料： 中发面 400 克，什锦蜜饯 250 克，玫瑰蜜饯、酥腰果碎粒各 30 克，桂圆肉、葡萄干各 25 克，熟芝麻 20 克

配料： 白糖、炒面粉、熟鸡油、食用碱、色拉油各适量

操作步骤

①将中发面中加入少许食用碱，均匀揉成面团待用。

②桂圆肉、葡萄干洗净，置菜板上与玫瑰蜜饯和什锦蜜饯一同切成细末，拌上白糖、炒面粉、熟鸡油、熟芝麻、酥腰果碎粒成糖馅待用。

③将面团搓成条，扯成 10 个剂子，按成扁圆，分别包上备好的糖馅。

④锅置旺火上，加清水烧沸，将小笼抹上少许色拉油，放上备好的包子，上笼蒸至熟透，上桌即可。

操作要领

投碱量要准，揉面时要揉匀。

营养贴士

蜜饯营养丰富，含有大量的葡萄糖、果糖，且极易被人体吸收。

主料： 苹果、梨各 80 克，樱桃、橘瓣若干

配料： 琼脂 20 克

操作步骤

①苹果、梨洗净去皮，切成块；樱桃洗净去把，切开放置待用；橘瓣切小块。

②把琼脂用凉水泡 30 分钟，倒水加热搅拌，直到琼脂完全融化。

③将准备好的水果，放在小杯中，往小杯里倒入做好的琼脂水，放入冰箱冷藏至凝固即可。

操作要领

可根据自己的爱好换自己喜欢的水果。

营养贴士

梨含有蛋白质、脂肪、糖、粗纤维、钙、磷、铁等，具有降低血压、养阴清热的功效。

视觉享受：★★★★★ 味觉享受：★★★★ 操作难度：★★

什锦果冻

TIME 30 分钟

菜品特点
金莹剔透
口感软滑

炸洋葱圈

TIME 30分钟

菜品特点
口感酥脆
美味可口

➡ **主料**：洋葱2个
🔄 **配料**：鸡蛋2个，淀粉、盐、植物油各适量

🍳 操作步骤

①碗里放入淀粉，打入鸡蛋、盐搅拌成面糊。

②将洋葱洗净切成圈，放在碗里，均匀地裹上一层面糊。

③锅置大火上放油烧至六成热，改中火后将洋葱圈逐一放入锅中炸至金黄色后捞出，沥干油装盘即可。

🍳 操作要领

切洋葱的时候，注意会呛眼睛。

☞ 营养贴士

洋葱含有前列腺素A，能降低外周血管阻力，降低血黏度，可用于降低血压、提神醒脑、缓解压力、预防感冒。

南北风味小吃

港澳台风味

吃在港澳台

讲到街头小吃，就不得不提到港澳台饮食文化，热闹的街道两边，琳琅满目的小吃，如臭豆腐、炸鱿鱼、烤肉串、烧卖鱼蛋、牛杂等，皆美味得让人口水直流。香港的特色小吃有叮叮糖、糖葱薄饼、炒栗子、龙须糖等，价格便宜且口味独特，因而广受欢迎。台湾的路边摊、咖啡座、摇摇饮料店、快炒店更是城市的一大特色，琳琅满目，不一而足。

香港本地人对饮茶甚是喜爱，香港的茶餐厅是一种具有独特风味的餐饮店，它不似一般的茶馆，它为顾客提供各种茶的同时，还辅以各色点心，像虾饺、馄饨面、米粉、煎蛋、樱子和粥等物品价廉的食物。现在很多茶餐厅融入了日本料理和英国风味元素，人们的选择更广泛了。

台湾的路边摊用的是一种一台餐车在巷子贩卖的形式，其聚集地通常在传统市场周围，下午过后便成为夜市。咖啡店一般都是连锁的形式，例如，丹堤咖啡、怡客咖啡、西雅图咖啡、日资的罗多伦咖啡、中外合资的统一 Starbucks 咖啡。

摇摇饮料店是台湾市场独自开发的新形态泡沫红茶饮料店，经历了小歇、快可立、葵可利，到后来的 85 度 C、COCO、日出茶太，甚至有些企业已经跨入了国际市场。

以海产为主要食材的百元快炒店是台湾饮食文化的一部分，它向顾客提供啤酒促销以吸引消费者，但是这亦是其诟病，因此警方必须不定时地在路口临检，以防酒驾。

澳门河边新街一带，有很多别具风味的大排档，它们露天而设，通宵营业，这些大排档旨在新鲜热闹，有生活气息。冬天一家人围坐在一起吃个火锅，耳边是呼呼的北风，内心却是温暖的。在福隆新街、议事亭前地和新马路一带还有很多知名的甜品店，人们排起长龙只为一尝香滑的炖蛋、双皮炖奶。糖水店的店家们根据不同的季节，花样百出，调制出了各种滋润养生的糖水、马蹄沙加鲜果、雪耳炖木瓜、核桃露、椰汁杏仁糊、红豆沙……在这里还可吃到地道的东南亚面食。

特色小吃

1. 台湾手抓饼

菜品介绍

台湾手抓饼原名葱抓饼，起源于台湾。新鲜出炉的手抓饼，千层百叠，层如薄纸，用手抓之，面丝牵连，其外层金黄酥脆，内层柔软白嫩，葱油与面盘的香味十分浓郁，让人闻后，迫不及待就想尝一尝。至今风靡全国，是许多人最爱的小吃之一。

营养价值

能缓解更年期综合症；患有脚气病、末稍神经炎者宜食小麦面粉；体虚自汗盗汗者，宜食浮小麦；面食易消化，有助于预防肠胃病。

2. 丝袜奶茶

丝袜奶茶是一种香港别具特色的下午茶（或早餐），在港式茶餐厅很常见，他们供应的奶茶一般都是用丝袜奶茶的方式泡制的。

历史渊源

自香港被殖民统治后，英国人就将"下午茶"这一概念带到了香港，但是和一般的华人在早上喝茶的习惯又有所不同：西方人喝茶习惯在下午三点左右，即午饭到下班中间的一段时间，享受西茶之余，还会用点西点。西方人喝茶喜欢加淡奶和糖，这样茶入口更加香滑，这亦是香港奶茶的根本。

习俗

丝袜奶茶现已成为香港的一种文化符号，许多港片中的人物对白中就常提到丝袜奶茶。曾经有一位能泡出一手好茶的香港穷小伙子，后来一位富豪女孩被他的一杯杯丝袜奶茶所吸引，通过奶茶，女孩发现了他的勤奋以及好脾气。尽管女孩的父母强烈反对，但他们依然结婚了。不久之后他俩去了英国，因英国人有喝下午茶的习惯，奶茶在英国很有市场，经过几年的奋斗，小伙子跃身成为了伦敦酒吧区有名的冲茶手，他俩有了豪华的别墅和轿车，他们因为奶茶而相遇因为奶茶而幸福。

台湾三杯鸡

视觉享受：★★★★
味觉享受：★★★★
操作难度：★

TIME 45分钟

菜品特点
色泽鲜艳
口味独特

● **主料**：三黄鸡1只

● **配料**：姜末、姜片、蒜瓣、酱油、胡椒粉、盐、植物油各适量，加饭酒1杯

 操作步骤

①将鸡洗净切大块，放入姜末、盐、一点加饭酒、胡椒粉、一半的蒜瓣，拌匀稍腌20分钟左右。

②锅倒植物油烧热，倒入腌好的鸡块、蒜瓣、姜片，炸至金黄，滤掉多余的油。

③将所有炸过的鸡块、蒜头、姜片都倒入煲锅中，倒入剩余的加饭酒、蒜瓣和酱油拌匀，大火烧开后，开小火焖烧10分钟，再改大火开盖收汁即可。

操作要领

购买鸡肉时，要注意观察鸡肉的外观、颜色以及质感，一般来说，新鲜卫生的鸡肉块大小不会相差特别大，颜色会是白里透着红，看起来有亮度，手感比较光滑。

营养贴士

鸡的肉质细嫩、滋味鲜美，适合多种烹调方法，并富有营养，有滋补养身的作用。

视觉享受：★★★★★　味觉享受：★★★★　操作难度：★★

胡萝卜沙拉

TIME 25分钟

菜品特点
色泽鲜艳
口味酸甜

⮕ 主料： 胡萝卜 150 克，青豆、红豆各 15 克，梨肉罐头 1 瓶

⮕ 配料： 沙拉酱适量

🍴 操作步骤

①将胡萝卜洗净去皮煮熟切方丁；青豆、红豆烫熟晾凉；梨肉罐头打开取出梨肉切方丁。

②将胡萝卜、青豆、红豆、梨肉盛入盆内；拌入沙拉酱，拌匀即可。

🔥 操作要领 ◀◀◀

也可以根据自己的喜好加入别的水果和蔬菜，但是要注意营养搭配。

☞ 营养贴士

胡萝卜内含丰富的维生素 A，对于眼部滋养有很大的帮助，能有效地减少黑眼圈的形成。

⮕ 主料： 鸡胸肉 300 克

⮕ 配料： 蒜末 5 克，奶油 20 克，盐、黑胡椒粉各 3 克，辣酱油、白酒各 10 克，植物油适量

🍴 操作步骤

①先将鸡胸肉洗净，用刀背交叉拍松，再用盐、黑胡椒粉、辣酱油、白酒腌 35 分钟左右。

②锅加热，放入奶油，烧至熔化，再放入鸡胸肉，以中火煎至熟且两面都呈现出金黄色捞出。

③锅倒植物油烧热，放入蒜末炒香，加入鸡脯翻炒片刻，撒上黑胡椒粉出锅即可。

🔥 操作要领 ◀◀◀

煎肉的时候，注意翻面，避免焦糊。

☞ 营养贴士

鸡肉有益五脏、补虚损、补虚健胃、强筋壮骨、活血通络、调月经、止白带的功效。

视觉享受：★★★★　味觉享受：★★★★　操作难度：★

黑椒鸡脯

TIME 45分钟

菜品特点
肉嫩味美
操作简单

TIME 90分钟

菜品特点
美味爽口
营养丰富

糙米西米露

视觉享受: ★★★★★
味觉享受: ★★★
操作难度: ★

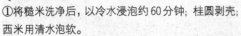

➡ **主料:** 糙米、西米各适量
➡ **配料:** 桂圆、枸杞、白糖各适量

🔄 操作步骤

①将糙米洗净后，以冷水浸泡约60分钟；桂圆剥壳；西米用清水泡软。
②锅中倒水，放入糙米和西米，以中火煮开后加入桂圆、枸杞同煮，最后放入白糖调味即可。

🔄 操作要领

熬制时，火不宜太大，并且要不断用勺子搅动糙米和西米。

👉 营养贴士

糙米对肥胖和胃肠功能障碍的患者有很好的疗效。

视觉享受：★★★★★　味觉享受：★★★★★　操作难度：★★

台湾什锦烩饭

TIME 30分钟

菜品特点
赏心悦目
营养开胃

主料： 米饭1碗
配料： 嫩竹笋1根，青椒、红椒、黄灯笼椒各1个，鸡蛋1个，水发香菇若干，高汤、精盐、味精、料酒、植物油各适量

操作步骤

①青椒、红椒、黄灯笼椒洗净切丁，嫩竹笋洗净，水发香菇切丁。

②锅中倒油烧热，放入鸡蛋清炒至熟，捞出放入青椒、红椒、黄灯笼椒炒香，加香菇、竹笋翻炒，加高汤煮滚，放入味精、精盐、料酒，倒入米饭和鸡蛋炒匀即可。

操作要领

也可根据个人的口味加入其他果蔬和肉类。

营养贴士

鸡蛋蛋白质和铵基酸比例很适合人体生理需要，且易为机体吸收，利用率高达98%以上。

主料： 猪肉500克
配料： 叉烧酱150克，葱、姜各8克，花雕酒、酱油各10克，盐5克，葱花、植物油各适量

操作步骤

①猪肉洗净后切成大片，葱切段，姜切片。

②将肉片用花雕酒、盐、葱、姜和酱油腌20分钟。

③锅中放油，五成热时，转中火，放入肉片炸至变色，表面定型后捞出。

④锅中留底植物油，爆香腌肉片用的葱、姜；然后放入叉烧酱，小火慢炒，出香味后倒入清水，大火烧开；再放入炸好的肉片，转小火慢熬至肉片上色；最后大火收干汤汁，撒上葱花即可。

操作要领

位于肩胛骨中心的梅肉，是猪身上最好的一块肉，有肥有瘦有筋还最嫩，是制作叉烧的首选原料。

营养贴士

此菜具有补肾养血、滋阴润燥等功效。

视觉享受：★★★★★　味觉享受：★★★★★　操作难度：★★

港式叉烧肉

TIME 30分钟

菜品特点
色泽红亮
肉嫩鲜香

咖啡**牛奶**

视觉享受：★★★★★
味觉享受：★★★★
操作难度：★

菜品特点
香味浓郁
口感丰富

 主料： 红茶茶包 2 袋，牛奶 250 克，速溶咖啡 2 包
 **配料：** 方糖 1 块，淡奶 100 克

TIME 20分钟

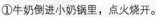

🌀 操作步骤

①牛奶倒进小奶锅里，点火烧开。

②放入红茶茶包，拎起茶包上下晃动，然后拎出茶包，加入方糖拌匀。

③速溶咖啡打开，加开水泡好。

④把泡好的咖啡用筛网过滤，装进大些的容器里。

⑤煮好的牛奶茶也用筛网过滤混入咖啡中，加淡奶拌匀，再混合过筛即可。

🔥 操作要领

上下晃动茶包可让茶汁充分进入牛奶里。

👉 营养贴士

牛奶可用于防治久病体虚、气血不足、营养不良、噎膈反胃、胃及十二指肠溃疡、消渴、便秘等症。

视觉享受：★★★★　味觉享受：★★★★　操作难度：★

红豆冰

TIME 10分钟

菜品特点
冰凉清爽
香甜适口

主料： 煮熟的红豆 40 克，刨冰 50 克

配料： 甜牛奶 10 克，冰淇淋 10 克，红豆汤适量

操作步骤

①在杯中放入煮熟的红豆。
②放入红豆汤，再倒入甜牛奶。
③加入刨冰，在其上点缀冰淇淋即可。

操作要领

可根据个人喜好选择不同的冰淇淋口味，若不能制作刨冰，用碎冰块代替可以。

营养贴士

红豆对因肾脏、心脏、脚气病等形成的水肿具有改善的作用。

主料： 棉花糖 100 克

配料： 熟花生碎 50 克，奶粉 200 克

操作步骤

①棉花糖在微波炉中高火打 1 分钟，取出迅速拌入奶粉，再快速拌入熟花生碎。
②将拌好的牛轧糖倒入铺好保鲜膜的长方形保鲜盒中，上面也盖一层保鲜膜，用工具压平、压紧，凉后放入冰箱冷藏。
③糖块变硬后取出，切成小长方条即可。

操作要领

倒入奶粉后先用筷子拌，加入花生后就用手拌，不会烫手的，下手前，手要先蘸一下旁边的奶粉防粘。

营养贴士

疲劳饥饿时，吃牛轧糖可迅速提高血糖；头晕恶心时，吃些牛轧糖可提升血糖、稳定情绪，有利恢复正常。

视觉享受：★★★★　味觉享受：★★★★　操作难度：★★★

牛轧糖

TIME 10分钟

菜品特点
甜香味美
色泽乳白

草莓柠檬汁

菜品特点
酸甜爽口
营养丰富

视觉享受：★★★★★
味觉享受：★★★★
操作难度：★

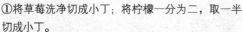

▶ **主料：** 草莓5个，柠檬1个
▶ **配料：** 蜂蜜50克

❧ 操作步骤

①将草莓洗净切成小丁；将柠檬一分为二，取一半切成小丁。
②将草莓丁和柠檬丁放入豆浆机，加凉白开水至最高的刻度线。
③按下"果汁键"，直到机器提示果汁已经做好。
④将打好的果汁过滤掉渣子，放入适量的蜂蜜搅拌

均匀即可。

❧ 操作要领

放入冰箱冰一下，口感更棒。

☞ 营养贴士

草莓营养价值高，含丰富的维生素C，有帮助消化的功效。

视觉享受: ★★★★★ 味觉享受: ★★★★★ 操作难度: ★★★

丝袜奶茶

TIME 20分钟

菜品特点
口感爽滑
滑滑香浓

→ **主料:** 红茶50克, 黑白淡奶25克

○ **配料:** 砂糖适量

操作步骤

①小锅中放入清水烧至滚开, 倒入红茶; 红茶煮开后继续保持沸腾约10分钟。

②取出干净的杯子, 倒入1/3杯黑白淡奶; 在茶杯上放筛网, 将煮好的茶汤倒入杯中。

③根据自己的喜好加入适当砂糖即可, 热饮效果更佳。

操作要领

就淡奶而言, 一般黑白的比较好, 它的味道比较浓郁。

营养贴士

红茶提取物有阻止神经毒素的作用。

→ **主料:** 面粉250克

○ **配料:** 植物油50克, 盐3克

操作步骤

①将面粉放入容器, 加开水, 一边加一边搅拌, 拌匀成雪花状, 然后加冷水揉成光滑的面团, 用保鲜纸把它包好静置30分钟。

②面团擀成方形大薄片, 在其上刷一层薄油并撒上盐, 将面皮折成长条, 盘旋成一个圆形, 静置10分钟后按扁。

③将平底锅用小火烧热, 加油, 把饼放入, 用中火煎烙, 同时不断拍打挤压面饼, 一面煎成金黄以后再煎另一面, 两边金黄即可。

操作要领

折面片时, 可以像折扇一样将面片抓在一起, 这样可以做出多层效果。

营养贴士

小麦能缓解更年期综合症, 患有脚气病者、末梢神经炎者、体虚自汗、盗汗、多汗者, 宜食小麦。

视觉享受: ★★★★ 味觉享受: ★★★★ 操作难度: ★★

台湾手抓饼

TIME 40分钟

菜品特点
香酥可口
操作简便

南北风味小吃

葡萄梨奶汁

视觉享受：★★★★★
味觉享受：★★★★★
操作难度：★★★

TIME 15分钟

菜品特点
美味香甜
营养丰富

主料： 葡萄适量，牛奶2/3杯，梨1个
配料： 蜂蜜适量

操作步骤

①葡萄洗净，去皮去核；梨洗净，削皮去核，切小块。
②将准备好的葡萄和梨放入豆浆机里，加入凉白开。
③按下"果汁键"，直到机器提示果汁已经做好。
④将打好的果汁过滤掉渣子，放入牛奶和蜂蜜搅拌均匀即可。

操作要领

葡萄去核比较麻烦，要有耐心。

营养贴士

葡萄有补血、健胃、益气、滋肾的功效。

162

视觉享受：★★★★ 味觉享受：★★★★ 操作难度：★★

红茶甜甜圈

TIME 15分钟

菜品特点
茶香浓郁
酥甜可口

主料：低筋面粉460克，红茶茶汁140克

配料：泡打粉20克，奶粉30克，白油40克，糖粉60克，盐5克，鸡蛋20克，红茶茶渣1包，植物油适量

操作步骤

①盆中放白油、糖粉、盐混合均匀，将打散的鸡蛋加入盆中拌匀后，加入茶汁拌匀。

②低筋面粉、泡打粉、奶粉混合过筛搅匀，加入步骤①的盆中，加入茶渣搅匀，静置醒面10分钟；擀成厚约1厘米的片，用模型压出甜甜圈面皮。

③锅中放植物油烧热，入甜甜圈炸1分钟捞起即可。

操作要领

面皮压出甜甜圈形后，要用铲刀或刮刀移动，以免甜甜圈变形。

营养贴士

红茶有提神醒脑、振奋精神的功效。

主料：低筋面粉75克

配料：黄油50克，白砂糖40克，鸡蛋2个，蜂蜜15克，椰蓉50克

操作步骤

①黄油半融化状态用打蛋器打一下；分次加入两个蛋黄打匀；筛入面粉、加入蜂蜜轻拌。

②两个蛋白加白糖打发后，加入到面粉糊中拌匀，倒入模具中，烤箱预热，180度烤25分钟左右，取出、切块裹上椰蓉即可。

操作要领

做蛋糕要用低筋面粉，才会让蛋糕更松软。

营养贴士

椰蓉有驻颜美容、利尿消肿的功效。

视觉享受：★★★★ 味觉享受：★★★★★ 操作难度：★★

椰蓉蛋卷

TIME 60分钟

菜品特点
松软香甜

果味**蒸芋珠**

视觉享受：★★★★★
味觉享受：★★★★
操作难度：★★

TIME 20 分钟

菜品特点
香甜可口
营养丰富

> **主料：** 芋头 300 克
> **配料：** 黄桃罐头、菠萝罐头各 1 瓶，樱桃若干、葡萄干、白糖、橙汁各 10 克，糯米粉、植物油各适量

操作步骤

①芋头用水煲熟后去皮，趁热加白糖搓成芋泥，加入 1/2 杯滚水，入糯米粉，用筷子搅拌成浆后再加入油，用手搓成干硬适中的粉团。

②将粉团展平成圆形薄皮后包上一份芋泥搓成球状，放入沸水中煮熟捞出即成芋头球。

③取一大碗，将芋头球放入碗中，加入黄桃肉、菠

萝肉、樱桃、葡萄干、白糖、橙汁，入蒸锅蒸 6 分钟即可。

操作要领

可以根据个人喜好换自己喜欢的水果。

营养贴士

芋头有益脾养胃、消凉散结的功效。

视觉享受：★★★★★　味觉享受：★★★★★　操作难度：★★

炸培根芝士条

TIME 30分钟

菜品特点
满口酥脆

主料： 面粉300克

配料： 培根30克，芝士10克，酵母2克，鸡蛋2个，芝麻、植物油各适量

操作步骤

①鸡蛋打散；面粉加水、酵母揉搓成面团，静置醒面；培根、芝士切丁混合；取出醒好的面，揉搓成长条，制成剂子，擀平，包入培根、芝士，揉搓成长条状，涂满蛋液，裹上芝麻。

②油锅烧热，放入培根芝士条炸至色泽金黄即可。

操作要领

包馅时，可以戴上一次性手套，这样便于操作。

营养贴士

培根有开胃祛寒、消食的功效。

主料： 绿豆、红豆、百合各25克

配料： 糖适量

操作步骤

①将绿豆、红豆、百合洗净，用清水浸泡30分钟。

②锅中放清水置火上，放入绿豆、红豆，大火煮滚后，放入百合改以小火煮到豆熟。

③依个人喜好，加糖调味即可。

操作要领

喜欢咸味的，也可以加盐调味。

营养贴士

绿豆含淀粉、脂肪、蛋白质、钙、磷、铁、维生素A、维生素B_1、维生素B_2、磷脂等，有清热解毒、利尿消肿、祛面斑的功效。

视觉享受：★★★★　味觉享受：★★★★　操作难度：★

滋颜祛斑汤

TIME 25分钟

菜品特点
滋颜祛斑
美味可口

TIME 20分钟

菜品特点
美容养颜
清喉润肺

红酒煮梨

视觉享受：★★★★
味觉享受：★★★★
操作难度：★

主料： 红酒1瓶，水晶梨2个

配料： 蜂蜜、桂皮、柠檬、白糖各适量

操作步骤

①水晶梨削皮切片，柠檬洗净切片。

②锅内倒入红酒和白糖，下入桂皮、柠檬片，倒入蜂蜜。

③梨肉放入锅内，中小火，煮30分钟左右，吃的时候盛出梨肉和汤汁即可。

操作要领

不喜欢酸的话，也可以不放柠檬。

 营养贴士

红酒具有降低血脂、抑制坏的胆固醇、软化血管、增强心血管功能和心脏活动的功效。